Johann Jakob Hemmer

Anleitung, Wetterleiter an allen Gattungen von Gebäuden

auf die sicherste Art anzulegen

Johann Jakob Hemmer

Anleitung, Wetterleiter an allen Gattungen von Gebäuden
auf die sicherste Art anzulegen

ISBN/EAN: 9783743643260

Hergestellt in Europa, USA, Kanada, Australien, Japan

Cover: Foto ©ninafisch / pixelio.de

Weitere Bücher finden Sie auf **www.hansebooks.com**

Anleitung

Wetterleiter

an allen

Gattungen von Gebäuden

auf die sicherste Art anzulegen

von

J. Jakob Hemmer

kurpfälzischen geistlichen Rath und ersten Hoffapellan, Stiftsherrn zu
Heinsberg, Vorsteher der kurfürstl. Kunstkammer der Naturlehre, der
Gesellschaften zu Mannheim, Bononien und Dilon, wie auch der lands
wirthschaftl. Gesellschaft zu Heidelberg Mitglied, der kurpfälzischen
Witterungsgesellschaft beständigen Geschäftsverweser,

———— ⧓ ————

Mit einer Kupfertafel.

Offenbach am Mayn,
bei Ulrich Weiß und Carl Ludwig Brede

Vorbericht des Verlegers.

Die Verdienste des Herrn Hemmer um die Naturgeschichte, und besonders in dem Fache der Elektricität, sind so allgemein anerkannt, daß man alles, was er von dieser Materie schreibt und bekannt macht, mit eben so viel Begierde, als Vergnügen liest. Da aber Herr Hemmer eine Rechtschreibung angenommen, die dem größten Theil deutscher Leser eben so ekelhaft als unverständlich ist, so haben seine Schriften leider das Schicksal, daß sie ungelesen, oder welches fast das nemliche ist, nur von sehr wenigen Leuten gelesen werden, die Geduld genug haben, seine philosophische Ortographie zu entziffern. Verleger dieses glaubt also dem deutschen Publikum einen wahren Dienst zu leisten, wenn er die sehr merkwürdige Anleitung Wetterableiter anzulegen, die zu Anfang dieses Jahres in Mannheim herausgekommen, in der gewöhnlichen und Jedermann verständlichen Ortographie

)(2   über-

übersetzen und abdrucken läßt; und zwar um so mehr, da diese Anleitung nicht durch den gewöhnlichen Weg des Buchhandels ins Publikum kommt, sondern durch einen Mannheimer und Frankfurter Buchbinder verkauft werden soll, welches natürlicherweise die Folge haben muß, daß dieses nützliche Werkchen dem größten Theil von Deutschland ganz unbekannt bleibt. Damit aber der Herr Verfasser, dessen wohlverdienten Ruhm der Verleger gern nach Würden ausgebreitet sehen mögte, gar keine Ursache finde, sich über den Abdruck seiner Abhandlung zu beklagen, so wird man den nemlichen Preis beibehalten den er selbst in Mannheim darauf gesezt hat, und das Exemplar nicht unter einem halben Reichsthaler verkaufen.

Schriebs in meiner Druckerei zu Ende des Hornungs 1786.

U. Weiß.

Vor-

Vorrede des Verfaſſers.

Was die Alten fabelhaft gelehrt haben, daß die verwägene Menſchenkinder, Japhets kühnes Geſchlecht, das Feuer vom Himmel auf die Erde herab geholet haben, das iſt zu unſern Zeiten, in Anſehung des Blitzes, zur Wirklichkeit gekommen. Vor vier und dreißig Jahren faßte man den Entſchluß dieſes ſchmetternde Feuer aufzufangen, und gleichſam zu feſſeln. Das große Unternehmen iſt gelungen, der hohe Gedanke iſt ausgeführet. Da ſteht es, das ſchöne, das herrliche Werk des menſchlichen Verſtandes, dieſer Sieg der Welt-

)(3   weis-

weisheit. Da steht es zum Erstaunen der jetzigen
und künftigen Welt. Unzählige eiserne Stangen
ragen auf den Gebäuden gegen Himmel empor,
um den Donnerstoff aufzunehmen, und durch den
gemachten Kanal in die Erde herunter zu führen.
Diese Anstalten haben bisher den glücklichsten
Erfolg gehabt. Wir haben nun das sichere Mittel
in der Hand, unsere Wohnungen und übrigen
Gebäude, samt allem, was darinn ist, vor der
zerstörenden Wuth des himmlischen Feuers in
Sicherheit zu setzen.

Es ist die Pflicht jedes Naturforschers, dieses so nützliche, so unschätzbare Mittel, so viel
an ihm ist, mehr und mehr bekannt zu machen
und auszubreiten. Einen Theil dieser Pflicht
meinerseits zu erfüllen, ist der Zweck der gegen-
wärtigen Anleitung. Da ich aus Anlaß der
Kunstkammer, der ich vorstehe, im electrischen
Fache nicht wenig gearbeitet, auch eine Menge
Gebäude in verschiedenen Gegenden wider den
Blitz bewaffnet habe: so glaube ich, mich dadurch
in den Stand gesetzt zu haben, diese Abhandlung
so auszuarbeiten, daß sie ihrer Bestimmung entsprechen werde. Es wird dem Leser hoffentlich
nicht unangenehm seyn, ein Verzeichniß der Ge-
bäu-

bäude, an denen ich die jetzt gedachte Bewaffnung angebracht habe, hier zu finden. Ich will die Städte und andere Oerter, so, wie die Eigenthümer der Häuser, und die letztern zwar zur Ersparung des Raumes mit ganz kurzem Titeln, nach alphabetischer Ordnung hersetzen.

Bornheim (ein der Stadt Frankfurt gehöriges Dorf). Die lutherische Kirche.

Dirmstein (Flecken im Bisthum Worms). Das Haus des Freiherrn von Sturmfeder.

Dortmund. 1) Die Reinolduskirche, 2) Die Mariäkirche, 3) das Rathhaus.

Düsseldorf. 1) Das kurfürstliche Schloß, 2) Das kurfürstl. Gemäldehaus, 3) der kurfürstl. Marrstall samt der Reitschule, 4) die drei Pulverthürne, 5) das Rathhaus, 6) das Haus des Grafen von Seissel, 7) das Haus des Abtes Fränken.

Frankenthal. 1) das Haus des Gasthalters Lorch, 2) das Haus des Arzneihändlers Röder.

Gülich (Juliacum). Die drei Pulverthürne der Festung.

Heidelberg. Die zwei kurfüstl. Pulverthürne.

Hohen-

Hohenheim. (Wohnsitz des jetzt regierenden durchlauchtigsten Herzoges von Würtenberg, Stuttgard). 1) Das Herzogliche Schloß, 2) die Reitschule, 3) der Marrstall, 4) die Herrschaftliche Küche, 5) ein Herzogl. Schäferkarren, in welchem nicht lange zuvor zwei Schäferknechte vom Blitze erschlagen worden waren.

Homburg (im Herzogthume Zweibrücken). 1) Das Fasanenhaus der Durchlauchtigsten Herzogin, 2) das Wohnhaus der Freifrau von Esebeck, 3) eben derselben Pomeranzenhaus, und Schweizereigebäude, 4) das Haus des Abtes Salabert.

Kanstadt (in Schwaben). Das unweit dieser Stadt liegende Haus des Hauptmannes Frommann. Die Bewaffnung habe ich hier nur angefangen; der berühmte Vater der elektrischen Pausen, Herr Groß, hat sie nach meinem Entwurfe vollendet.

Karlsberg (Wohnort Seiner Duchlaucht, des jetzt regierenden Herzoges von Zweibrücken). Folgende Herrschaftliche Gebäude. 1) Das Schloß, 2) das Pomeranzenhaus, 3) das Knabenhaus, 4) die Küche, 5) der Marstall.

ſtall, 6) die Reitſchule, 7) das Jäger=
haus, 8) die Herberge, 9) das Vorraths=
haus, 10) die Schweizerei, 11) die Schäfe=
rei, 12) drei Heuſcheuern.

Kaſſel (Flecken im Mainziſchen). Das Land=
Haus des kaiſerl. Hofrathes von Haupt.

Koblenz. 1) Das von dem jetzigen durchlauch=
tigſten Kurfürſten erbauete neue Schloß, 2)
das Kurfürſtl. Gerichtsſtubenhaus (Dikaſte=
rialhaus).

Leutershauſen (Flecken in der Pfalz). Das
Schloß der Grafen von Wieſer.

Mannheim. 1) das kurfürſtliche Schloß, 2)
das Zeughaus, 3) der Pulverturn, 4) das
herzogliche zweibrückiſche Haus, 5) das aka=
demiſche Haus, 6) das Wohnhaus des Oberſt=
lieutenantes Feuchter, 7) des Freiherrn von
Hohenhauſen, 8) des Direktores Huber, 9)
des Hofuhrmacher Krapp, 10) des Grafen
von Riaucour, 11) des Hofrathes Schmalz,
12) des geheimen Statsrathes von Stengel,
13) des Freiherrn von Sturmfeder, 14) des
Hofrathes Wolfter.

Musbach (Flecken in der Pfalz). Das Land=
haus des Freiherrn von Beckers.

München. 1) das kurfürstliche Schloß, 2) das kurfürstl. Gemäldehaus, 3) das Haus des Grafen von Arco.

Nimfenburg (in Baiern). Das kurfürstliche Schloß.

Nierstein (Flecken in der Pfalz). Die katholische Kirche.

Oppenweiler (Dorf in Schwaben). 1) das Stammhaus des Freiherrn von Sturmfeder, 2) das Amthaus.

Peisenberg (in Baiern). Das Haus der Kohr-herren aus Rotenbuch. Ich habe eigentlich nur einen Blitzfänger, samt seinem Ableiter, an diesem Hause angeleget, aber dessen, wie auch der dabey stehenden Kirche völlige Be-waffnung angeordnet.

Rotenbuch (Abtei in Baiern). Das Wohn-haus des Abtes und der Kohrherren.

Sankt Blasi (Abtei im Schwarzwalde). Die Wohnung des Fürst-Abtes. Die Bewaffnung der Kirche hat der Kohrherr dieser Abtei, Herr Kreuter, nach meiner Vorschrift besorget.

Schwe-

Schwezingen (Flecken in der Pfalz). 1) Das kurfürstliche Schloß, 2) der Hofkapellenthurn.

Seckenheim (Dorf in der Pfalz). 1) das Land-haus des geheimen Staatsrathes von Stengel, 2) dessen Stallung und Scheuer.

Stuttgard. Das Haus des herzogl. Haupt-mannes Fischer.

Trippstadt (Dorf in der Pfalz). Das Land-haus des Freiherrn von Hacke — das erste Gebäude, das in der Pfalz bewaffnet worden ist. —

Winzingen (Dorf in der Pfalz). 1) Des Herrn von Lamezan Landhaus, 2) eben desselben Hofhaus.

Zweibrücken. 1) das Wohnhaus des Freiherrn von Esebeck, 2) desselbigen Stallungen.

Ich übergehe hier die Gebäude, deren Be-waffnung von mir zwar angeordnet, aber ohne mein Beisein blos von einigen Handwerksleuten, auf Begehren der Eigenthümer, ausgeführt wor-den ist, für deren Sicherheit ich also auch nicht stehen kann.

Dies

Dieses Verzeichniß, samt der hier folgenden Anleitung, kann denjenigen Naturforschern und Liebhabern, die mich um die Anzahl und Einrichtung meiner Wetterleiter (Bewaffnungen wider den Bliß) aus verschiedenen Gegenden Europens schriftlich befragt haben, zur öffentlichen ausführlichen Antwort dienen: denn in den Briefen, die ich ihnen hierüber zu schreiben die Ehre gehabt habe, war es doch nicht wohl möglich, alles nach ihrem und meinem eigenen Wunsche zu sagen.

Was die Einrichtung dieser Anleitung betrift so habe ich derselben zwei Theile, den beschaulichen, und den Ausübenden gegeben. Der erste enthält die Grundlehre der Elektrizität überhaupt, und des Blizes insbesondere, die ich meistentheils auf meine eigene Erfahrungen und Beobachtungen gebauet, und wobei ich einige meiner vorigen Meinungen verbessert habe, welche ich zu jener Zeit faßete, als ich noch zuviel mit fremden Augen sah. Dieser Theil ist die Seele des Werkes, ohne welchen der Wetterleitersetzer nichts als eine elende Maschine seyn würde, die sich selbst nicht bewegen kann, und die in ihrem Laufe immer gerichtet werden muß, wenn sie nicht mit Gefahr der Gebäude öfters anstoßen soll. Der zwei

zweite Theil lehret umständlich, wie die im ersten
Theile vorgetragenen Grundsätze zum Schutze aller Gattungen von Gebäuden anzuwenden seyen,
wobei die Theile der Wetterleiter, ihre nöthigen
Eigenschaften, ihre Verbindung, Befestigung,
Versenkung u. s. w., samt allen dahin gehörigen Handgriffen, deutlich gezeiget, und mit
Kupfern erleuchtet werden. Diesem Theile habe ich dadurch noch ein besonderes Gewicht zu geben gesuchet, daß ich eine treue, zuverläßige
Geschichte sowohl der merkwürdigsten guten Wirkungen der Wetterleiter, als derjenigen Wetterschläge, die ihnen zuwider zu seyn scheinen, mit
eingeflochten habe, welches denn den Sieg dieser
Maschinen in das helleste Licht setzet, zugleich
aber auch ihre Liebhaber gleichsam an der Hand
von denjenigen Fehlern wegführet, die bei Anlegung derselben begangen werden können.

Endlich habe ich denen zugefallen, die der
Ueberzeugung nicht so leicht ein gänzliches Opfer
ihrer angebohrnen Furcht machen können, noch die
Beantwortung der scheinbarsten Einwürfe beige-
füget, die wider die Wetterleiter gemacht zu werden pflegen. Man wird darinn auch die Beschreibung derjenigen sonderbaren Fälle finden, wo ei-

nige

nige bewaffnete Häuser wieder entwaffnet wurden. Den Beschluß machet die Erörterung der wichtigen Fragen, wem das Geschäft, Wetterleiter anzulegen, anvertrauet werden solle. Zur Bequemlichkeit des Lesers habe ich ein ziemlich vollständiges Register der abgehandelten Sachen, samt einem Verzeichnisse der angeführten Naturforscher, in alphabetischer Ordnung angehenget.

Alles dieses habe ich so kurz zu fassen gesuchet, als es der vorgesteckte Zweck, und die Deutlichkeit des Vortrages, nur immer zugelassen haben, damit das Werk nicht zu weitläufig würde, indem es zum gemeinen Gebrauche bestimmet ist, zu welchem es auch mehrere erhabene Fürsten, als seine kurfürstliche Durchlaucht von Trier, seine herzogl. Durchlaucht von Zweibrükken, seine marggräfliche Durchlaucht von Anspach, und seine hochfürstliche Gnaden von Fuld in ihren Landen austheilen lassen.

Mannheim den 4 Christmonat 1785.

Anlei-

Anleitung,
Wetterleiter
an allen Gattungen von Gebäuden auf die
sicherste Art anzulegen.

Theoretischer Theil.

1 §.

Die Elektrizität, oder Agtsteinkraft, ist eine Kraft der Körper, wodurch sie allerhand andere leichte Körper anziehen und zurückstoßen. Die Benennung kommt von Elektrum, deutsch Agtstein, her, an dem man diese Kraft zuerst wahrgenommen hat.

2 §. Einen Körper elektrisiren heißt, die elektrische Kraft in ihm rege machen, oder ihm dieselbe mittheilen.

A   3 §.

3 §. Diese Kraft entsteht von einem sehr feinen, flüßigen, und entzündbaren Stoffe, den man in den Körpern antrift. Man nennet ihn daher den elektrischen Stoff (die elektrische Materie).

4 §. Ist dieser Stoff in einem Körper über seinen natürlichen Zustand angehäufet, so nennet man es die gehäufte, gestärkte (positive) Elektrizität, die Elektrizität in Ueberflusse. Ist aber die natürliche Menge des elektrischen Stoffes in einem Körper gemindert, so heist es die geschwächte, mangelhafte (negative) Elektrizität.

5 §. Da der elektrische Stoff flüßig ist (3 §.), so wird er sich, nach Art aller flüßigen Körper, ins Gleichgewicht zu setzen suchen, so bald er sich irgends wo in Ueberflusse oder in Mangel befindet. Und dieses Streben nach dem Gleichgewichte äussert er alsdann durch Anziehen und Zurückstoßen (1 §), oder auch durch empfindbare Ausbrüche, da er sonst wenn er im natürlichen Zustande ist, kein Merkmal seiner Gegenwart von sich giebt.

6 §. Fließet der elektrische Stoff gehäuft und gedrängt durch einen engen Weg, so entzündet er sich; und alsdann zerreisset, verbrennet, schmelzet, verkalket, zerstreuet er bisweilen die Körper, durch die er hinfährt. Dieses Entzünden hat statt, so oft er in Gestalt eines Lichtes oder Feuers erscheinet.

7 §. Man entdecket an den Theilchen des elektrischen Stoffes zwei Haupteigenschaften. Die erste ist, daß sie sich einander zurückstoßen; die zweite, daß sie von allen Körpern angezogen werden. Unter

die=

vielen Versuchen, die dieses augenscheinlich bewei=
sen, wollen wir nur ein paar anführen.

I. Versuch. Einen metallenen Stab AB (1 Fig.),
der einen Schuh lang, und an beiden Enden mit ei=
ner Kugel versehen ist, lege ich auf einen reinen
Glasfuß C. Am Ende B hangen zwei leinene Fäden
mit Holdermarkkügelein e g. Halte ich nun dem En=
de A eine Glasröhre F, die gehäuft elektrisch ist (4 §),
in einer gewißen Ferne entgegen, so weichen die
Kügelein augenblicklich von einander, gehen aber
auch wieder zusammen, wenn ich die Glasröhre F
zurückziehe. Es treibet nämlich der in dieser Röhre
angehäufte, folglich stärker wirkende elektrische Stoff
denjenigen, der von Natur in dem Stabe A B liegt,
gegen das End B, und von diesem auch in die Fä=
den hin. Dieser fortgestoßene Stoff fließet aber wie=
der zurück, und theilet sich durch alle Theile des
Stabes gleich aus, sobald der Druck des Stoffes
in der Röhre F aufhört. Nähere ich dem Ende A
einen mangelhaft elektrischen Körper, z. B. eine et=
was starke, an Wolle geriebene Siegellack= oder
Schwefelstange, so wird der natürliche elektrische
Stoff des Stabes AB sich von B nach A ziehen,
weil er von den leeren oder mangelhaften Theilen der
gedachten Stange stark angezogen wird. Jene Ferne,
in welcher der genäherte elektrische Körper (die Glas=
röhre oder Siegellackstange) auf den Stab A B wir=
ket, nennet man den Wirkungskreis dieses Körpers.

II. Versuch. Häufe ich den elektrischen Stoff in
einem metallenen Körper von beträchtlicher Größe,

der

der irgend einen spitzigen oder scharfen Theil hat,
sehr an, so fließet aus dieser Spitze ein Strahlenbusch.
Halte ich diesem Busche nun den Finger oder sonst
einen Körper entgegen, so wird derselbe merklich
größer und lebhafter, und folget dem Finger nach
allen Richtungen, welches dann die anziehende Kraft
zwischen dem elektrischen Stoffe und den übrigen
Körpern klar vor Augen leget.

8 §. Die jezt erläuterten zwei Eigenschaften oder
Kräfte sind durch die ganze Natur verbreitet, und
erhalten sie in ihrer Ordnung. Beide befinden sich
sehr wirksam zwischen den urstofflichen Theilchen der
Körper. Hätten diese unter sich keine zurückstoßende
Kraft, so würde die ganze Natur in einen Punkt zusammen fließen. Wären sie aber mit keiner anziehenden Kraft gegen einander begabet, so würde kein
Zusammenhang mehr bei den Körpern seyn, diese
würden zerfallen, und die Welt würde sich durch uns
endliche Räume zerstreuen. Die zurückstoßende Kraft
fällt bei den Magneten, die anziehende aber bei tausend andern Körpern, z. B. zwischen den Wasser-
und Queckfilbertheilchen, die in Tropfen zusammen
fließen, zwischen Eisen und Scheidewasser u. s. w.,
sehr stark in die Augen.

9 §. Die anziehende Kraft ist nicht bei allen
Körpern von gleicher Stärke. Wie ungleich wird
nicht z. B. das Wasser von der Luft, dem Salze,
Holze. Metalle angezogen? Eben so ist auch die
Kraft, womit verschiedene Körper den elektrischen
Stoff anziehen und mit sich verbinden, sehr verschie-
den.

ben. Von zweien getrennten Körpern ist noch überhaupt zu merken, 1) daß der größere, der mehr
Theile hat, den kleinern allemal stärker anziehe, als
dieser jenen; 2) daß, je weiter sie sich von einander
entfernen, desto schwächer ihre Anziehungskraft
werde. Der Wirkungskreis dieser Kraft erstrecket
sich bei sehr großen Körpern, z. B. der Sonne und
den Irrsternen, ungeheuer weit, bei kleinen hingegen oft kaum auf ein paar Zolle, ein paar Linien,
und noch weniger.

10 §. Auf den zwei Eigenschaften des Zurückstos-
sens und Anziehens, die der elektrische Stoff bewie-
senermaßen besitzet, ruhet das Gesetz, welches wir
an elektrischen Körpern wahr nehmen, daß nemlich
zwei Körper, die auf einerlei Art, das ist, beide gehäuft, oder beide mangelhaft elektrisch sind, von
einander weichen, diejenigen aber, die auf verschiedene Art, einer nemlich gehäuft, der andere mangelhaft, elektrisch sind, sich einander nähern, so
bald sie sich in dem wechselseitigen Wirkungskreise
befinden.

11 §. In einigen Körpern beweget sich die elektrische Flüßigkeit frei und leicht, in andern schwer
und gehindert. Die erstere Gattung dieser Körper
nennet man Leiter (von leiten, fortleiten, hinlei-
ten), die leztere Nichtleiter. Zu den Leitern gehören hauptsächlich die Metalle und alle flüßige Körper, als die Säfte der Thiere und Bäume, Wasser
u. s. w. Doch sind Fett, Oel, Luft, und einige
Dämpfe, davon ausgenommen. Zu den Nichtlei-

tern

tern gehören die übrigen Körper, als Seide, Glas,
Pech, Harz u. s. f.   Auch treten die Metalle, so
bald sie verrosten, in die Zahl der Nichtleiter über.

12 §.   Die leitende Kraft ist in verschiedenen
Körpern sehr verschieden.   In den Metallen z. B.
ist sie ohne Vergleich stärker als im Wasser, und
selbst in einem Metalle ist sie größer als im andern.
Auch ist sie im besten Leiter niemal so vollkommen,
daß der elektrische Stoff bei seiner Bewegung gar
keine Hinderniß darin finde.   Daher kommt es, daß,
wenn dieser, bei seinem Ausbruche von einem geladenen oder gestärkt elektrischen Körper zu einem leeren
oder mangelhaften, mehrere Kanäle oder Leiter gleicher Gattung, als metallene Ketten oder Dräthe,
und von verschiedener Länge auf seinem Wege antrift, er nicht blos dem kürzern Leiter folge, sondern
sich theile, und durch alle ergieße.   Sind diese Leiter verschiedener Natur, so geht er oft lieber ganz
durch den bessern weit längern, als durch den schlechtern kürzern.   Wegen des jezt beschriebenen Wider-
standes, den der elektrische Stoff bei seinem Durchgange durch die leitenden Körper findet, fährt er
bei Leitern von geringerer Kraft, z. B. bei Wasser
u. d. gl., gern über deren Oberfläche hin.

13 §.   Guten Leitern, welche geräumig genug
sind, folget der elektrische Stoff sanft und ruhig
nach, so weit sie gehen.   Wenn man z. B. eine Röhre
(Kanone) von Pappendeckel mit Schießpulver oder
gestoßenem Schwefel füllet, und einen starken Drath
durchstecket: so kann man einen ganzen Feuerstrom
dies

dieſes Stoffes durchfahren laſſen, ohne dieſe ſo brenn-
baren Körper zu entzünden, oder im mindeſten zu
verletzen. Nur an den Enden ſolcher Leiter, wo ſich
der elektriſche Stoff hinein oder heraus ſtürzet, iſt er
fähig, Schaden zu thun. Die Nichtleiter, die ihm
allda im Wege ſtehen, werden oft von ihm zerſtöret.
Fährt er daſelbſt eine Strecke weit auch blos durch
die Luft, ſo wird dieſe bisweilen dadurch ſo heftig
ausgedehnet, daß ſie die zur Seite ſtehenden Körper
verrücket oder wegſchleudert, welches man den Seis-
ſenſtos nennet a).

A 4   14 §.

---

a) Solche gewaltige Wirkungen und Zerſtörungen kann man
vermittelſt einer Verſtärkungsflaſche (welche von dem Orte,
wo ſie erfunden worden iſt, auch Flaſche von Leiden genen-
net wird) leicht hervorbringen. Dieſe Flaſche iſt von Glas,
und ihre beiden Flächen, die innere und äußere, ſind mit einem Leiter, z. B. mit Zinnblatte, bis nahe oben hin beleget.
Läſt man den elektriſchen Stoff durch einen metallenen Drath
in die Flaſche hinein laufen, ſo häufet er ſich auf der innern
Fläche. Dadurch wird der Stoff, den die äußere Fläche von
Natur beſitzet, davon abgeſtoßen (7 §), und dieſe wird leer
oder mangelhaft. So bald man nun zwiſchen dieſen beiden
Flächen vermittelſt eines Leiters, z. B. eines gebogenen metallenen Stabes, Gemeinſchaft machet: ſo wird der elektriſche
Stoff von der vollen Fläche auf die leere mit Heftigkeit hin-
ſchießen, und, wenn beſagter Leiter unterbrochen iſt, die da-
zwiſchen liegenden Nichtleiter mehr oder weniger verletzen.
Bedienet man ſich mehrerer, mit einander in Verbindung ſtehenden Verſtärkungsflaſchen, welches man ein Schlagwerk
(franzöſiſch Batterie) nennt, ſo ſind die Wirkungen weit
ſtärker.

14 §. Wenn Nichtleiter zur Gattung der Leiter bisweilen über zu gehen scheinen: so geschieht dieses meistentheils durch Untermischung leitender Theilchen. So leitet die Luft, die an sich ein Nichtleiter ist (11 §), den elektrischen Stoff mehr oder weniger, wenn sie mit wäßrigen Feuchtigkeiten geschwängert ist.

15 §. Von der Luft, als einem Nichtleiter, ist besonders zu merken, daß, je mehr sie verdünnet ist, der elektrische Stoff desto ungehinderter durchfließe. Daher kommt in den luftleeren Glasröhren und Glocken das so prächtige Schimmern des elektrischen Feuers. Daher kommt auch die wunderbare Kraft der Spitzen, den elektrischen Stoff so leicht einzusaugen und zu zerstreuen. Denn da die Luftschichte, die auf den Körpern liegt, bekanntlich dichter ist, als die entferntere Luft, diese Luftschichte aber bei den Spitzen wegen ihrer geringen anziehenden Kraft (9 §) nicht so dicht ist als bei den übrigen Theilen des Körpers: so ist auch klar, daß der elektrische Stoff durch die Spitzen leichter ein- und ausfließen müsse. Je freier daher eine Spitze ist, das ist, je weiter sie sich von dem Körper, womit sie verbunden ist, und von den umstehenden Körpern entfernet, desto größer ist ihre Saug- und Zerstreuungskraft.

16 §. Es ist den Nichtleitern zuzuschreiben, daß der elektrische Stoff in einem Leiter angehäuft oder verdünnet werden kann. Denn ist dieser mit Nichtleitern auf allen Seiten umgeben, so kann der elektrische Stoff wegen der Hinderniß, die ihm diese Körper entgegensetzen (11 §), weder zu- noch ab-

fließ

fließen. Daher werden die mit Luft umgebenen metallenen Leiter der elektrischen Maschinen auch noch mit Glasfüßen unterstützet, oder an seidenen Schnüren aufgehenket.

17 §. Einen Leiter mit Nichtleitern ganz umgeben, heißt denselben absondern, oder von der Erde, als dem gemeinen Elektrizitätsbehälter, trennen (insuliren). So sondert man z. B. einen Menschen ab, wenn man ihn auf einen Pechkuchen, elektrischen (nicht leitenden) Schemel, u. d. gl. stellet.

18 §. Die elektrische Flüßigkeit ergießet sich in einen abgesonderten Leiter niemal so häufig und stark, als wenn derselbe mit der Erde gehörig verbunden ist. Denn im erstern Falle häufet sich der elektrische Stoff im Leiter an, und thut demjenigen, der nachfließen will Widerstand (7 §); im zweiten Falle aber hat dieses nicht statt.

19 §. Ein abgesonderter elektrischer Leiter theilet den berührenden Nichtleitern doch immer einen Theil seiner Elektrizität mit. Fährt man z. B. mit einer reinen Glastafel an einem wohl geladenen Leiter einigemal hin und her, so ladet sich dieselbe ebenfalls, oder wird gestärkt elektrisch. Ist besagter Leiter in einem mangelhaften Zustande, so wird ihm die Glastafel etwas von ihrem angebohrnen elektrischen Stoffe mittheilen, und dadurch auch in Mangel kommen (5 §). Eben dieses hat auch, wiewohl in einem schwächern Grade, statt, wenn der elektrische Körper ein Nichtleiter ist.

20 §.

20 §. Der Unterschied der freien und gehinderten Bewegung, die der elektrische Stoff in verschiedenen Körpern findet, kommt von der verschiedenen Kraft her, mit welcher er von denselben angezogen und angehalten wird (9 §). Dieses beweiset die Vernunft und Erfahrung. Es ist daher unschwer zu erklären, warum besagter Stoff sich so leicht in die Leiter ergieße, und dadurch fortströme. Denn da er denselben mit geringerer Kraft anhängt: so wird er da, wo sich eine andere gehäufte elektrische Flüßigkeit nähert, sogleich aus seiner Stelle vertrieben (7 §). Diese leergewordene, und folglich ihrer zurückstoßenden Kraft beraubte Stelle wird die genäherte fremde elektrische Flüßigkeit desto stärker anziehen (7 §), welche sich daher mit Gewalt hinein werfen, und, wofern sonst keine Hinderniß ist, die übrigen Theile auf gleiche Weise durchlaufen wird. Eben so leicht ist es zu erklären, warum durch eine einzige Berührung eines Leiters, worin die Elektrizität geschwächt oder angehäuft ist, diese Berührung geschehe an welchem Theile sie wolle, das elektrische Gleichgewicht sich wieder herstellen lasse, da man einen elektrisirten Nichtleiter, um eben dieses Gleichgewicht zu erlangen, an allen seinen Theilen nach einander berühren muß. Endlich läßt sich hieraus auch die Ursache herleiten, warum der elektrische Stoff sich in gleichen Umständen lieber auf ein warmes als auf ein kaltes Metall werfe *). Denn wegen der ausdehnenden Kraft der Wärme liegen die Metalltheile im erstern

weis

*) Acad. Theodoro-Palat. vol. V. phyf. pag. 290. 291.

weiter aus einander als im leztern, und ziehen folglich die zwischen ihnen liegenden elektrischen Theilchen
schwächer an (9 §). Daher werden diese auch leichter weichen, und fremdem Stoffe Platz machen.

21 §. Auf zweierlei Art kann der elektrische Stoff
in einem Körper bewegt, und aus seiner Stelle ver-
setzet werden, entweder blos durch die Kräfte des
Anziehens und Zurückstoßens, oder mit Zuthun der
Erschütterung der Theile des Körpers. Beispiele der
ersten Art enthält der obige I. Versuch (7 §). Dahin gehöret auch das Elektrisiren durch die Mittheilung, wenn nemlich einem elektrischen Körper ein
anderer, der es nicht ist, gehörig genähert wird,
und einen Theil dessen Elektrizität von ihm empfängt.
Die zweite Art hat meistentheils statt, wenn zwei
Körper, die beide Nichtleiter sind, oder deren einer
ein Nichtleiter, der andere ein Leiter ist, an einander gerieben werden. Durch dieses Reiben wird der
natürliche elektrische Stoff losgerissen, und geht von
einem der beiden Körper in den andern über, wodurch denn der eine verlieret, der andere gewinnt,
der eine folglich mangelhaft, der andere gehäuft
elektrisch wird. (4 §).

22 §. Wird der natürliche elektrische Stoff eines
Körpers, wie des Stabes AB (7 §), durch eine
sehr starke Anziehungs- oder Zurückstoßungskraft eines genäherten elektrischen Körpers aus seiner Stelle
getrieben, und die Wirkung dieser Kraft höret plötzlich auf, so fährt besagter Stoff, nach den Gesetzen
des Gleichgewichtes (5 §), mit Gewalt in die ver-

las-

laſſene Stelle zurück, und richtet dadurch oft nicht geringe Zerrüttungen und Zerſtörungen an. Dieſes iſt es, was man den zurückkehrenden Stos, den Widerſchlag nennet.

23 §. Alle Körper, ſowol Nichtleiter als Leiter, laſſen ſich durch die Mittheilung elektriſiren. Auch alle Körper, die des Reibens fähig ſind, Metalle und Thiere nicht ausgenommen, laſſen ſich durch das Reiben elektriſch machen, wie ich anderswo ge-zeiget habe. *).

24 §. Wird ein unelektriſcher Körper einem elek-triſchen genähert, um durch die Mittheilung elektriſch zu werden, ſo wird jener an dem Ende, das er die-ſem in dem Wirkungskreiſe entgegen kehret, immer vor der Mittheilung eine Elektrizität bekommen, die der Elektrizität des elektriſchen Körpers entgegen ge-ſetzet iſt, das iſt, das entgegengekehrte Ende wird in dem Wirkungskreiſe eines geladenen Körpers man-gelhaft, in dem Wirkungskreiſe eines mangelhaften Körpers geladen werden. Dieſes erhellet aus dem I. Verſuche des 7 § zur Genüge.

25 §. Kein geriebener Körper wird immer auf einerlei Art elektriſch. Bald nimmt er die geſtärkte, bald die geſchwächte Elektrizität an, je nachdem er an dieſem oder jenem Körper gerieben wird. Man glaubte vormals irrig, Glas werde immer geſtärkt, Harz immer geſchwächt elektriſch.

26 §. Zwei an einander geriebene Leiter können niemal elektriſch werden. Denn wenn der elektriſche

Stoff

Stoff durch das Reiben in ihnen auch in Bewegung gesezt würde: so würde er sich doch durch alle ihre Theile frei und gleich austheilen (11 §), folglich immer im natürlichen Zustande bleiben.

27 §. Jeder elektrische Körper macht auch die ihn umgebende Luft elektrisch, welche alsdann der elektrische Dunstkreis dieses Körpers genennt wird. Dieser Dunstkreis wird immer einerlei Elektrizität (die gehäufte oder die mangelhafte) mit dem elektrischen Körper haben (19 §).

28 §. Nebst dem elektrischen Dunstkreise, der den Körper unmittelbar umgiebt, wechseln noch mehrere Dunstkreise um denselben ab. Denn ist der Kreis bbbb (2 Fig.) zum Beispiele geladen, so wird der darin angehäufte elektrische Stoff denjenigen, der von Natur in dem anstoßenden Kreise cccc lieget, auf die Gegenseite, oder in den nächsten Kreis dddd treiben (7 §). Der in diesem Kreise angehäufte Stoff wird den Kreis eeee auf gleiche Weise mangelhaft machen u. s. w. Ist der Dunstkreis bbbb mit dem Körper A (2 Fig.) mangelhaft, so werden die folgenden Dunstkreise umgekehrt abwechseln.

29 §. Diese abwechselnden Dunstkreise werden durch folgenden Versuch beleuchtet und erhärtet. Man lasse auf das eine Ende einer reinen, trocknen, in einem vorzüglichen Grade nicht leitenden Glasröhre einen schwachen elektrischen Funken fallen. Hierauf fahre man mit einem, an einem seidenen Faden hangenden, geladenen Holdermarkkügelein (3 Fig.) nahe an der Glasröhre ihrer Länge nach vorbei. Das Kügs

Kügelein wird von besagtem Ende dieser Röhre zu=
rückgestoßen, von dem nächsten Theile derselben an=
gezogen, von dem nachfolgenden Theile wieder zu=
rückgestoßen, von dem angränzenden wieder angezo=
gen werden u. s. f., welches beweiset, daß die auf
einander folgenden Theile der Glasröhre in der Gat=
tung der gehäuften und mangelhaften Elektrizität
abwechseln (10 §). Dieses abwechselnde Stocken
der elektrischen Flüßigkeit in der Glasröhre und den
obigen Luftschichten kommt von der Natur der Nicht=
leiter her. In den Leitern könnte es nicht statt ha=
ben. (11 §).

30 §. Es läßt sich leicht begreifen, 1) daß, je
weiter sich die Dunstkreise von dem elektrischen Kör=
per entfernen, sie desto schwächer und schmäler wer=
den müssen (2 Fig.); 2) daß die Vereinigungsgrän=
zen zweier an einander stoßenden Dunstkreise sich über=
all im natürlichen Zustande der Elektrizität befinden.

31 §. Wird ein stumpfer (runder oder flacher)
unelektrischer Leiter in einen schwach geladenen Dunst=
kreis eines elektrischen (gleichfalls leitenden) Körpers
eingetaucht, so empfängt er nichts von der Elektri=
zität, die ihn umfließet, weil die auf ihm liegende
dichtere Luftschichte dem Eindringen des elektrischen
Stoffes widersteht (15 §). Kommt aber besagter
stumpfe Leiter in einen stark beladenen Dunstkreis des
elektrischen Körpers, so wird der elektrische Stoff die
genannte Luftschichte durchbrechen, und sich als ein
Feuerstrom, unter einem stärkern oder schwächern
Knalle, auf den Leiter hinstürzen. Das Feuer kommt
von

von dem elektrischen Stoffe selbst (3. 6 §), der Knall
von der schnell getheilten, uud wieder zusammen=
schlagenden Luft her. Hiebei ist zu merken, daß die=
ser feurige Strom sich nicht gleich ünmittelbar aus
dem elektrischen Körper ergieße, sondern erst im
Dunstkreise anfange; denn ehe dieser entladen ist,
wird der darin angehäufte Stoff dem Zuströmen des
Feuers aus dem elektrischen Körper Einhalt thun
(7 §). Ist der elektrische Körper mangelhaft, so
wird das Feuer aus dem genäherten Leiter selbst in
ähnlichen Umständen ausbrechen (24. 5 §). Die
Entfernung, in welcher der Ausbruch des Feuer=
stromes in dem einen oder andern Falle statt hat,
heiset die Schlagweite.

32 §. Tauchet man einen spitzigen unelektrischen
Leiter in den Dunstkreis eines elektrischen Körpers,
so zeigen sich ganz andere Erscheinungen. Denn 1)
wird er auch schon in einem schwachen Dunstkreise
elektrischen Stoff einsaugen oder ausgießen, je nach=
dem der Dunstkreis geladen oder mangelhaft ist
(15. 24. 5 §). Ist die Elektrizität nicht gar zu
schwach, so erscheinet im erstern Falle im dunkeln ein
Stern, im leztern ein Lichtkegel (ein Feuerbüschel)
auf der Spitze. 2) Nähert man die leitende Spitze
dem elektrischen Körper langsam, so entsteht niemal
ein Schlag (ein Feuerstrom mit einem Knalle).
Nähert man aber die Spitze schnell, so erfolget der
Schlag in einem starken Dunstkreise immer; doch ist
er in gleichen Umständen allemal schwächer als bei
einem genäherten stumpfen Körper. 3) Ist, bei

gleich

gleich starker Elektrizität, die Schlagweite (31 §)
bei den spitzen größer als bei stumpfen Körpern.
Man decke eine meßingene, mit der Erde verbundene
Spitze mit einem Bleche von gleichem Metalle, das
an einem gläsernen Stiel befestiget ist, und fahre
mit beiden Stücken langsam gegen einen wohl gelas
denen Leiter bis nahe an jene Gegend, wo das Blech
sonst den Schlag zu empfangen pfleget. Ehe dieser
Schlag nun jetzt erfolget, ziehe man das Blech schnell
vor der Spitze weg, und der Leiter wird sein Feuer
donnernd auf diese ausschütten. 4) Wird jedermann selbst leicht einsehen, daß mehrere, dem Leiter
zugleich genäherte Spitzen mehr Elektrizität, als
jede einzelne derselben, in gleicher Zeit einsaugen
oder zerstreuen. Doch könnte das Gegentheil geschehen, wenn die genäherten Spitzen sehr eng beisammen stünden, und einander in ihrer Wirkung hin-
derten (15 §). 5) Wirket eine dem Leiter gerad
(senkrecht) entgegen gekehrte Spitze kräftiger, als
wenn sie eine schiefe Richtung gegen denselben hat.

33 §. Soll ein in den dichtern Dunstkreis eines
elektrischen Körpers eingetauchter, spitziger oder
stumpfer Leiter die ganze Ladung von diesem Körper
empfangen, so muß er entweder ungetrennt bis in
den gemeinen Elektrizitätsbehälter (17 §) fortlaufen,
damit der elektrische Stoff sich nirgendwo anhäufe
(18 §); oder, wenn er in mehrere Theile getrennt
ist, so müssen diese, in Absicht auf die Stärke der
Ladung, so nahe beisammen liegen, daß der elektrische Stoff die gesamten Hindernisse, welche die zwischen

schen diesen Theilen liegenden Nichtleiter verursachen, zugleich überwinden könne.

34 §. Die bisher erklärte elektrische Flüßigkeit ist
ein Eigenthum aller Körper, so, daß keiner zu finden
ist, der nicht ein gewisses Maas davon enthalte.
Diese Flüßigkeit in den Körpern zu entdecken, bediene ich mich eines beständigen Elektrizitätsträgers (ein
Werkzeug, das aus einem in einen metallenen Teller
gegossenen Harzkuchen, und einem an seidenen Schnüren hangenden metallenen Aufsatze besteht). Ich
reibe den Kuchen mit einem Pelze, sondere mich und
das Werkzeug ab (17 §), berühre den Teller und
den auf dem Kuchen stehenden Aufsatz zugleich, entlade den mittelst der Schnüre abgehobenen Aufsatz
an einem unabgesonderten leitenden Körper, setze
ihn wieder auf, berühre ihn allein, entlade ihn wieder, und wiederhole dieses so oft, bis ich ganz entschöpfet bin, und dem Aufsatze keine Elektrizität
mehr geben kann. Dann berühre ich den Körper,
dessen elektrische Flüßigkeit ich aufsuche, von dem ich
denn allemal so viel empfange, daß der aufs neue
berührte, aufgehobene, und einem dritten Körper
genäherte Aufsatz helle Funken giebt. Auf diese
Weise habe ich aus Thieren, Metallen, Wasser,
Milch, Harne, Steinen, Knochen, Fleische, Haa-
ren, Holze, Leinwand, Wolle, Seide, Federn,
Papiere, Glase, Wachse, und hundert andern Körpern, lebhaft schnellendes elektrisches Feuer gezogen.

35 §. Auch in der Luft, die unsern Erdballen
umfließet, findet sich zu allen Zeiten des Jahres,

B   und

und zu allen Stunden bei Tage und bei Nacht, eine nicht geringe Menge Elektrizität. Auf dem obern Ende einer 15 Schuhe langen hölzernen Stange ist ein 8 Zolle langer Glasstaab, und auf dem Ende von diesem eine metallene, mit einem Loche, und ein paar Fäden (7 §. I Ve:s.), versehene Kugel befestiget. In dieses Loch stecke ich einen, an eine lange leitende Schnur gebundenen metallenen Stift, halte die Stange an einem erhabenen Orte einige Augenblicke zum Fenster hinaus, ziehe den Stift mittelst der Schnur aus der Kugel, und bringe die Stange wieder ins Zimmer, da ich denn die Fäden immer elektrisch finde. Dieses Werkzeug nennet man einen Luftelektrizitätsmesser *).

36 §. Je höher der Ort ist, an dem man den Luftkreis untersuchet, desto stärker ist die Elektrizität, die man entdecket, dergestalt, daß, wenn man mit einem Werkzeuge in die höhern Luftgegenden dringet, man zu jeder Zeit ein häufiges, heftig schlagendes Feuer zur Erde herabziehen könne, wie mich eine Menge Versuche, die ich mit einem in die Luft gelassenen elektrischen Drachen angestellet habe, dessen überzeuget haben **). An höhern Orten sind nämlich weniger Feuchtigkeiten als nahe an der Erde, wo diese sich immer häufen, die Luft leitend machen (14 §), und ihre Elektrizität dadurch mindern.

37 §. Es befindet sich also in der obersten Luftgegend ein ungeheurer Behälter, ein unermessenes Meer

---

*) Acad. sc. Theodoro-Palat. T. V. phys. p. 249.
**) Ephemer. soc. meteorol. palat. an. 1783. pag. 38-40.

Meer der elektrischen Flüßigkeit, aus welchem die untere Luft, die dahin gelanget, die häufigste Elektrizität schöpfen muß.

38 §. Die Elektrizität, die man Tag und Nacht in dem Luftkreise findet, ist immer in Ueberfluße (positiv). Dieses hat mir das oben (35 §) beschriebene Werkzeug, nebst andern, viele Jahre lang bei mehr als tausend Versuchen gezeiget. Man muß aber den Luftkreis, wovon hier die Rede ist (35 §), von den elektrischen Dunstkreisen der Wolken (27 §), wohl unterscheiden: denn in diesen Dunstkreisen entdecket man oft das Gegentheil, wie wir unten sehen werden.

39 §. Eine warme Luft sauget mehr Elektrizität ein als eine kalte. Die Beschreibung der Geräthschaft, die mir zum Beweise dieses Satzes dienet, wäre hier zu weitläufig *). Indessen ist das allen Auflösungsmitteln (allen Flüßigkeiten, welche andere Körper auflösen) gemein. Warmes Wasser löset mehr Salz auf als kaltes, und selbst warme Luft löset in gleichen Umständen mehr Wasser auf als kalte, wie uns die Dunstmesser (Werkzeuge, die Verdünstung des Wassers zu messen) belehren.

40 §. Die Elektrizität der Luft wird in die gesamte (absolute), und in die schein- oder empfindbare eingetheilt. Die gesamte ist der ganze Inbegriff dieses Stoffes, der in einer sichern Menge Luft enthalten ist. Die Empfindbare ist die elektrische Kraft dieser Luft, die Elektrizität in den benachbar-

B 2

ten

*) Acad. Theodoro-Pal. T. V. phyf. pag. 252.

ten Körpern entweder durch das bloſe Anziehen und
Zurückſtoßen ohne Mittheilung, oder zugleich durch
die Mittheilung (21 §), zu erwecken.

41 §. Die geſamte Elektrizität des Luftkreiſes iſt
nicht immer einerlei. Denn bald löſet die Luft mehr
von dieſer Flüßigkeit nach Verſchiedenheit ihrer Wärme (39 §), oder aus andern Urſachen auf, bald
ſetzet ſie durch Regen, Thau ú. dgl., mehr davon ab.

42 §. Wenn die geſamte Elektrizität der Luft auch
einerlei bleibet: ſo kann ſich die ſcheinbare doch bald
mindern, bald mehren. Denn wenn die Luft ſich
verdünnet, muß ſich auch der damit verbundene elektriſche Stoff verdünnen; dieſer wird ſich verdicken,
wenn die Luft ſich verdicket. Nun klebet aber dieſer
Stoff im erſtern Falle feſter an der Luft, weil ſeine
Theilchen weiter von einander liegen, und daher einander weniger zurückſtoßen. Sie werden alſo von
den benachbarten Körpern deſto ſchwerer geraubt,
und wirken ſelbſt auf dieſe Körper durch ihre Zurück-
ſtoßungskraft ſchwächer. Im letztern Falle wächſt
durch ihre wechſelſeitige Nähe ihre zurückſtoſende
Kraft, dadurch wird aber ihr Band mit der Luft
geſchwächt, ſie geben der anziehenden Kraft der um-
ſtehenden Körper leichter nach, und wirken ſtärker
auf die in dieſen liegende elektriſche Flüßigkeit.

43 §. Der Träger der Luftelektrizität ſind die in
der Luft befindlichen wäſſerigen Dünſte. Denn da
dieſe leitend ſind (11 §), und bald von der Erde
aufſteigen, bald von den Winden in andere Gegenden geführet werden, bald wieder zur Erde nieder-
fals

fallen: so ist leicht einzusehen, daß die verschiedene Vertheilung der Elektrizität in der Luft hauptsächlich von diesen Dünsten herkomme.

44 §. Wenn sich demnach die Dünste der Luft verdicken oder verdünnen: so muß sich auch die Elektrizität des Luftkreises verdicken, häufen und vermehren, oder verdünnen und vermindern. Da nun alle Körper durch die Kälte zusammengezogen, und durch die Wärme ausgedehnet werden: so muß auch in gleichen Umständen die scheinbare Elektrizität des Luftkreises bei kaltem Wetter stärker seyn als bei warmem, wenn die gesamte Elektrizität unverändert bleibet. Und hiemit stimmt die Erfahrung überein.

45 §. Je höher sich die Dünste erheben, desto mehr werden sie sich mit Elektrizität laden (36 §), diese Ladung wird aber ihr höchstes Maas erreichen, wenn dieselben bis zur Gegend jenes elektrischen Meeres (37 §) aufsteigen. Wenn nun diese solchergestalt geschwängerten Dünste durch eine heftige Kälte verdicket werden: so muß eine greuliche Anhäufung und Gewalt des elektrischen Feuers erfolgen (44 §).

46 §. Wird die Luft durch die Kälte so zusammen gezogen, daß sie die Dünste, die sie aufgelöset (eingesauget) hatte, nicht mehr halten kann, so läßt sie sie fallen, und setzet sie entweder an der Erde, und den aus derselben hervorragenden Körpern, oder selbst im Luftkreise ab, in welchem man sie alsdann schwimmen sieht, wie z. B. zur Winterszeit im Hauche, oder um einen kalten Körper herum, den man in einen warmen Ort gebracht hat.

B 3

47 §.

47 §. Abgesezte, oder, wie man sie sonst nennet, niedergeschlagene Dünste, die in großer Menge im Luftkreise schwimmen, heisen **Nebel** oder **Wolken.** Jene schweben nahe an der Erde, diese in höhern Gegenden. Sonst ist zwischen beiden kein Unterschied. Wer auf den Gipfel eines hohen Berges steiget, der mit Wolken eingehüllet erscheinet, findet daselbst nichts als einen dicken Nebel.

48 §. Alle Wolken und Nebel sind ursprünglich gestärkt elektrisch. Denn da sie aus den verdickten Wasserdünsten des Luftkreises entstehen (46. 47 §), diese aber immer gestärkt elektrisch sind (38. 44 §): so müssen es auch nothwendig die Wolken und Nebel seyn. Was die Vernunft hier auf eine untrügliche Art erweiset, das zeiget auch die Erfahrung an den Nebeln. So oft ich diese mit dem Luftelektrizitätsmesser (35 §) untersuchet habe (ich habe sie aber mehrere Jahre lang viel hundertmal untersuchet): so oft habe ich sie in Ueberflusse elektrisch gefunden. Unsere Luftschiffer werden diese Untersuchung mit der Zeit gewiß auch an den Wolken anstellen, und eine gleiche Elektrizität finden.

49 §. Die Elektrizität der Wolken ist nicht zu allen Zeiten von einerlei Stärke. Dieses folget aus dem verschiedenen elektrischen Zustande des Luftkreises (41. 44 45 §).

50 §. Was hier von verschiedenen Zeiten gesaget worden ist, gilt auch zu der selbigen Zeit von verschiedenen Orten. Es können also, durch Beihülfe der Winde, mehrere Wolken von ganz verschiedener

elek

elektrischen Kraft zusammen kommen. In diesem
Falle könnte eine stärkere den elektrischen Stoff einer
schwächern zurücktreiben, und gar in einen nahen
dritten Körper, z. B. in eine andere Wolke, in ei=
nen Berg u. d. gl. hinausstoßen (7. 31 §), und
diese schwächere Wolke auf eine kurze Zeit in einen
mangelhaften Zustand setzen.

51 §. Eine Wolke, deren Elektrizität so stark ist,
daß diese sich, bei Annäherung eines leitenden un=
elektrischen Körpers von gehöriger Größe, durch ei=
nen ganzen Feuerstrom ins Gleichgewicht zu setzen
suchet, nennet man eine Wetter= oder Gewitter=
wolke, die übrigen gemeine Wolken, diesen Feuer=
strom den Blitz, den oft damit verbundenen Knall
(31 §) den Donner a). Ist der Feuerstrom schmal
und gedrängt, so heißt er der Strahl (Wetterstrahl,
Blitzstrahl, himmlische Strahl); und dieser ist mei=
stentheils weiß und geschlängelt, und immer mit ei=
nem Knalle vergesellschaftet, wenn er nicht zu weit
entfernt ist. Ist gedachter Strom breit, wie eine
feuerige Decke, so nennet man ihn das Wetterleuch=
ten, welches niemal einen Knall mit sich führet,
entweder weil es wegen seiner Ausbreitung zu schwach
hiezu ist, oder weil es in der Luft, die es durchdrin=
get, nicht Widerstand genug findet, um sie sehr hef=

B 4 tig

a) In einigen durch den Gebrauch festgesezten, aber aus ei=
nem Irrthume eingeführten Redensarten, als: der Donner
hat ihn getroffen, er ist vom Donner erschlagen worden
u. dgl., hat Donner, im Grunde der Sache, die Bedeu=
tung des Wortes Blitz.

tig zu erschüttern. Dieser Widerstand der Luft kann
sowohl durch eine starke Anschwängerung mit wäs=
serigen Dünsten (14 §), als durch eine beträchtli=
che Verdünnung (15 §), wie in den höhern Gegen=
den des Luftkreises, gemindert werden.

52 §. Jede Wetterwolke, wie jeder andere elek=
trische Körper, ist mit mehrern elektrischen Dunstkrei=
sen umgeben, wovon der erste einerlei Elektrizität
mit derselben hat, die übrigen aber abwechseln (27.
28 §). Von dem nächsten oder Hauptdunstkreise ei=
ner solchen Wolke kann hiebei bemerket werden, daß
derselbe durch sein Anstoßen an die Wolke sich eben
sowohl mit Feuchtigkeiten als mit Elektrizität lade
(5 §), und dadurch ziemlich leitend werde (14 §).
Hieraus folget, daß, wenn dieser Dunstkreis einen
hinlänglich leitenden Körper mit seinem dichtern Thei=
le berühret, er seine ganze Ladung leichter darauf
ausschütten werde, als jeder andere, weniger lei=
tende Dunstkreis bei gleicher Berührung thun würde
(20 §). So bald sich aber besagter nächste Dunst=
kreis entladet, folget das Feuer der Wolke, so weit
diese in ihren Theilen oder Schichten zusammenhängt,
auch nach; die Entladung der Wolke kann aber vor=
her nicht geschehen, weil das Feuer des Dunstkreises
widersteht (7. 31 §). Damit dieser Dunstkreis seine
Ladung auf irgend einen Körper, z. B. einen Baum,
ausgieße, ist nicht nöthig, daß er denselben unmit=
telbar berühre. Es kann auch vermittelst eines an=
dern dazwischen stehenden leitenden Körpers, z. B.
einer Dunst= oder Regensäule, geschehen. Die ent=
fern=

fernten Dunstkreise können aber auch Gewalt an ei=
nem Körper ausüben, ohne daß die Wolke selbst ihr
Feuer darauf schleudere. Senket sich z. B. der durch
den heftigen Druck einer sehr geladenen Wolke A
(2 Fig.) stark gehäufte Dunstkreis d d d d in eine
feuchte Luftgegend herab, und erlangt dadurch eine
gute Leitungskraft (14 §), so kann er sich auf einen
Körper, den er berühret, mit Heftigkeit entladen.
Diese Gewalt kann auch in einem leeren Dunstkreise
statt haben. Es sey der Dunstkreis c c c c (2 Fig.)
sehr mangelhaft. Ein mit der Erde in Gemeinschaft
stehender Mensch befinde sich darin. Dieser wird
also auch in gleichem elektrischem Mangel seyn. Ge=
setzt nun, die Wolke A entlade sich, auch sehr weit
von ihm, auf einen Thurn, so wird ihr Druck auf
den Menschen auf einmal aufhören, und sein natür=
licher elektrischer Stoff (34 §), der aus ihm ausge=
trieben war, wird plötzlich in ihn zurück schießen,
und kann ihn tödten (22 §).

53 §. Je mehr die Wetterwolke mit Elektrizität
geladen ist, desto stärker und ausgebreiteter sind ihre
Dunstkreise, welche sich bisweilen so weit erstrecken,
daß derjenige, der sich mit ihrer Untersuchung nicht
abzugeben pfleget, es sich kaum vorstellen kann. Ich
habe mehr als einmal gefunden, daß sie sich weit
über eine Meile Weges in wagerechter Richtung aus=
dehneten, und selbst bis an die Erde herabzogen.

54 §. Die Spitzen, welche aus leitenden Kör=
pern hervorragen, saugen die Elektrizität aus den
geladenen Dunstkreisen eben so schnell ein, als sie sie

in

in die mangelhaften ausgießen (15. 32 §). Solche Spitzen pflegen auf den Gipfeln der Häuser aufge= richtet, wohl abgesondert (17 §), und mit einer bis in das Zimmer laufenden, ebenfalls abgesonderten metallenen Ruthe verbunden zu werden, um die Elektrizität der Wolken (eigentlich ihrer Dunstkreise) damit zu beobachten; und daher heist diese Geräth= schaft ein Wolkenelektrizitätsmesser, auch Blitzfän= ger. In dem kurfürstlichen Kabinette der Naturlehre habe ich eine solche Geräthschaft angeleget, deren Wirkungen vortreflich sind. Ich habe anderswo ei= ne umständliche und genaue, mit Kupfern begleitete Beschreibung davon gegeben *). Ich setze hier nur eine ganz rohe Abbildung davon her. A (4 Fig.) ist eine 30 Schuhe lange, in eine kupferne Spitze auslaufende eiserne Stange, die auf dem Schlosse errichtet ist, und auf einer starken, mit einem metal= lenen Hute zur Abhaltung des Regens gedeckten Glassäule steht. BCDE ist eine, mit dieser Stange verbundene, 1/2 Zoll dicke metallene Ruthe, die auß= sen am Schlosse herunter, und durch eine Fenster= raute bis ins Kabinet geht, wo sie an die eiserne Stange VM befestiget ist. Diese Stange endiget sich auf beiden Seiten in Kugeln. An dem einen Ende hangen zwei Fäden mit Holdermarkküglein R, am andern ein Glockenspiel F. Der Stange VM gegen= über ist ein metallener Leiter S, der mit der Erde verbunden ist. Diese Geräthschaft giebt mir seit vielen Jahren folgende

Er=

---

*) Ephemer. Societatis meteorol. palat. Tom. I. pag. 85-87.

Erscheinungen.

I. Zieht eine Wetterwolke, sie mag blitzen und donnern oder nicht, so vorüber, daß einer ihrer Dunstkreise die Spitze A berühret, welches oft in einer großen Entfernung geschieht (53 §), so weichen die Fäden R von einander, und, wenn die Elektrizität der Wolke etwas stark ist, so springet das Feuer zwischen den Kugeln V S, und das Glockenspiel F läutet.

II. Bisweilen, wiewohl selten, geht ein Gewitter, auch mit Blitze und Donner, gerad über der Geräthschaft her, ohne daß diese ein Merkmal der Elektrizität äußere. In diesem Falle geht die Wolke so hoch, daß die Spitze A ihre Dunstkreise, die vielleicht nebst dem etwas schwach sind, nicht erreichet.

III. Die Elektrizität der Geräthschaft ist bald gehäufet, bald mangelhaft (4 §). Im erstern Falle ergießet sich das Feuer von der Kugel V auf die Kugel S, im leztern Falle von S auf V, das ist, von der Erde in den Elektrizitätsmesser.

IV. Diese Verschiedenheit und Abwechslung der Elektrizität hat nicht nur bei verschiedenen Gewittern, sondern oft auch bei einem und demselbigen Gewitter, ja sogar auch dann statt, wenn man an diesem nicht mehr als eine einzige zusammenhangende Wolke entdecket. Ich habe schon gesehen, daß die Gattung der Elektrizität sich innerhalb einer Viertelstunde achtmal verändert hat.

V.

V. So oft die Elektrizität wechselt, fallen die Küglein R zusammen, und gehen oft in einem Augenblicke, oft etwas langsamer, zu ihrer vorigen Stellung zurück. So lang sie beisammen bleiben, äußert die Geräthschaft nicht die mindeste Elektrizität. Oft ist der Uebergang von einer Elektrizität zur andern so schnell, daß die Küglein nicht ganz zusammen fallen, sondern vor der wechselseitigen Berührung einander wieder fliehen. Wenn sie aber zusammenfallen, folgt nicht immer eine andere Gattung der Elektrizität, indem eben dieselbige oft wieder zurück kommt.

VI. Bisweilen hält die Elektrizität derselbigen Art nur einige Minuten, bisweilen lang, z. B. eine halbe Stunde, und noch darüber an.

VII. So oft es im Luftkreise bei einem nahen Wetter blitzet, verändert sich in demselbigen Augenblicke der Abstand der Kügelein. Bisweilen zeiget sich auch in eben dem Augenblicke ein rasches Feuer zwischen den Kugeln VS, obschon kurz vorher eine sehr schwache, oder gar keine Elektrizität in der Geräthschaft vorhanden war.

VIII. Fällt ein Gewitterregen auf die Geräthschaft, so empfängt sie im Augenblicke eine starke Elektrizität, wenn sie keine hatte; oder ihre vorige Elektrizität wird durchgehends verstärkt. Während demselbigen Regen wechselt die Elektrizität der Geräthschaft ebenfalls oft ab.

IX. Wenn das Feuer zwischen den Kugeln VS mit großer Gewalt und Geschwindigkeit schlägt, so,

daß

daß es an den Körpern, die ich dazwischen halte,
Verwüstung und Zerstörung verursachet: so bringe
ich diese Kugeln bis zur Berührung zusammen, und
in dem Augenblicke ist keine Spuhr mehr von Elektrizität in der Geräthschaft zu finden. Ich schiebe
die Kugeln wieder von einander, und die vorigen
Feuerströme und Schläge zwischen denselben sind
wieder da, die ich auch oft zwischen meinen beiden
Händen, womit ich den Leiter S umfasse, ohne die
mindeste Empfindung, ja zwischen Schießpulfer und
Schwefelstaub ohne Entzündung (13 §), durchfahren lasse.

55 §. Aus diesen Erscheinungen läßt sich folgen-
des unschwer schließen.

1) Die Spitze der Geräthschaft A zieht die Elektrizität nicht unmittelbar aus den Wolken, sondern
aus ihren Dunstkreisen. Wie sollte sich der Wirkungskreis eines solchen Körperchens, als diese Spitze
ist, auf eine so erstaunliche Weite, auf Meilen Weges (53 §) erstrecken? Es ist Thorheit, dieses zu
glauben (9 §).

2) Zur Erklärung der mangelhaften Erscheinungen in der Geräthschaft ist es nicht nöthig, seine
Zuflucht zu erdichteten mangelhaften Wolken zu nehmen (48 §), indem sie sich aus den mangelhaften
Dunstkreisen gar leicht herleiten lassen.

3) Ohne diese verschiedenen Dunstkreise der Wolken ist es nicht möglich, einen hinreichenden Grund
der so vielfältigen und wunderbaren Abwechslungen
der Elektrizität in der Geräthschaft zu geben.

4)

4) Auch das Abwechseln der Elektrizität bei einem Gewitterregen ist von diesen verschiedenen Dunstkreisen herzuleiten.

5) Das Zusammenfallen der Kügelein, und der damit verbundene elektrische Stillstand bei dem Uebergange von einer Elektrizität zur andern, kommt von den Vereinigungsgränzen zweier Dunstkreise her, in welchen sich die Spitze A alsdann befindet (30 §).

6) Die oft so lang anhaltende Elektrizität der Geräthschaft, auch wenn sie in ihrer Gattung nicht wechselt, kommt nicht aus dem dichtern Theile des nächsten Dunstkreises der Wetterwolke, sondern entweder aus dessen schwächerm Theile, oder aus den übrigen entfernern Dunstkreisen her (52 §).

7) Jeder Blitz ist eine wahre elektrische Entladung im Luftkreise, entweder auf einen irdischen Körper, oder auf eine weniger geladene Wolke; und diese Entladung wirket immer auf die gesamten Dunstkreise der Gewitterwolke.

8) Ist das Metall der Geräthschaft von hinlänglichem Inhalte, und sowohl in seinen Theilen als mit der Erde gehörig verbunden, so fließen die stärksten Feuerströme durch, ohne daß das mindeste davon auf die Seite gehe.

56 §. Der Weg, auf welchem die menschliche Vernunft dahin gelanget ist, das himmlische Feuer durch die oben (54 §) beschriebenen Anstalten auf die Erde herab zu ziehen, ist folgender. Gegen die Hälfte dieses Jahrhunderts, da die elektrischen Versuche in den Kunstkammern der Gelehrten stark und glück

glücklich getrieben wurden, äußerte der berühmte
französische Naturforscher, H. Abt Nollet, wegen
vieler Aehnlichkeiten, die er zwischen dem elektrischen
Feuer und dem Blitze bemerkete, zuerst den Gedan=
ken, daß diese beiden Feuer wohl ein und derselbige
Stoff seyn möchten. Der unsterbliche amerikanische
Weltweise, Herr Franklin, gab dieser Vermu=
thung ungemein viel Gewicht, da er die vornehm=
sten Wirkungen des Blitzes durch die künstliche Elek=
trizität sehr deutlich nachahmte. Er zeigte nämlich
in seinen Versuchen, daß das durch die elektrischen
Maschinen erregte Feuer, wenn es gedrängt heraus
fährt, eine geschlängelte Gestalt annehme, weiß von
Farbe sey, von einem Knalle begleitet werde, einen
Schwefelgeruch zurück lasse, feste und harte Körper
durchbohre, zerreisse, zerschmettere, flüßige zer=
streue, brennbare entzünde, die Metalle begierig
aufsuche und verfolge, und, wenn sie dünn sind,
schmelze und zerstäube, die Vergoldungen schwärze
und wegtrage, Thiere heftig und schmerzhaft erschüt=
tere, oder gar tödte. Diese Versuche werden von
den Naturforschern noch täglich wiederholet. Nun
ist aber Jedermann bekannt, daß der Blitz alle diese
Wirkungen, meistentheils im großen, und oft mit
erstaunlicher Macht, hervorbringe. Um der Sache
nun noch näher zu kommen faßte Franklin das
kühne Vorhaben, den Stoff des Blitzes selbst aufzu=
fangen, und in der Nähe zu untersuchen. Das beste
Mittel hiezu dünkete ihn eine eiserne, oben zugespiz=
te Stange zu seyn, die auf einem hohen Gebäude

auf=

aufgerichtet, und wohl abgesondert (17 §) würde.
Denn ist der Stoff, sagte er, womit die Wetterwolken geschwängert sind, ein wahres elektrisches Feuer,
so muß derselbe, wenn solch eine Wolke etwas tief
vorüber geht, in die Spitze der Stange fließen, und
sich darin wegen ihrer Absonderung anhäufen a).
Die Stange wird alsdann bei ihrer Berührung Funken, nebst den übrigen elektrischen Zeichen geben.
Der Ruhm der Ausführung dieses Franklinischen
Vorhabens war Frankreich vorbehalten. Denn kaum
war dasselbe bekannt, so errichtete Herr Dalibard
zu Marli la Ville, sechs Meilen von Paris, auf einer sehr erhabenen Ebene, eine 40 Schuhe hohe,
spitzige, eiserne Stange, sonderte sie gehörigermaßen
ab, und, weil er allda nicht selbst bleiben konnte,
trug er einem Einwohner dieses Ortes, Namens
Coiffier, den Versuch zu machen auf. Nicht lang
darnach, nemlich den 10 Wonnemonat des Jahres
1752, Nachmittags zwischen 2 und 3 Uhr, zog ein
Gewitter über Marli la Ville her, Coiffier eilete
zu der Stange, und zog häufige Funken heraus,
wie man sonst aus dem metallenen Leiter einer elektrischen Maschiene zu ziehen pfleget. Der Pfarrer
des Orts, der kurz darauf dazu gekommen war,
that desgleichen, bekam aber dabei einen heftigen
Schlag, und empfand zugleich einen starken Schwefelgeruch. Die Nachricht von diesem herrlichen Versuche,

---

a) Daß dieser Stoff nicht immer aus der Wolke selbst komme,
haben wir im vorhergehenden Absaße gezeiget.

suche, der in den Jahrbüchern der Weltweisheit ewig zu lesen seyn wird, verbreitete sich schnell, gleich einem Lauffeuer, durch ganz Europa, und die Naturforscher aller Völker wiederholten ihn um die Wette. Weil man aber keinen Ableiter, wie wir oben (54 §) einen angezeiget haben, auch sonst nicht alle nöthige Behutsamkeit dabei gebrauchete, wurden manche derselben durch das aus der Stange schlagende Feuer zu Boden geworfen, oder sonst hart mitgenommen, Herr Professor Richmann aber zu Petersburg den 6 Erntemonat 1753 gar erschlagen. Indessen hat man sich durch alle diese so mannigfaltigen, so oft, und unter allen möglichen Umständen wiederholten Versuche, die man mit dem aufgefangenen himmlischen Fener angestellet hat, völlig überzeuget, daß dasselbe nichts anders als ein elektrisches Feuer sey; und hiedurch stürzete die alte Meinung, daß die Gewitter von einer Gährung und Entzündung schwefelichter, salpeterischer und anderer Dünste herkommen, in den heulenden Abgrund des Nichts und der Vergessenheit auf ewig hinunter.

C   Anlei

Anleitung,

Wetterleiter

an allen Gattungen von Gebäuden auf die
sicherste Art anzulegen.

Praktischer Theil.

57 §.

Von dem, daß der Bliß eine elektrische Erschei=
nung sey, war nur noch ein Schritt übrig,
um ein Bewahrungsmittel wider dessen schädliche
Wirkungen an unsern Gebäuden zu finden. Auch
diesen Schritt that Herr Franklin, und schlug zu
dem Ende vor, eine eiserne spitzige Stange auf dem
höchsten Theile des Gebäudes zu befestigen, einen
metallenen Drath mit derselben zu verbinden, und
bis in die Erde herab laufen zu lassen. Diese, oder
jede andere Zurichtung, worin ein zusammenhangen=
des Metall vom obern Theile des Gebäudes bis zur
Erde herunter geht, nennet man einen Wetterleiter
(Blißleiter).

58 §. Wer die Sache ein wenig zu erwägen weiß,
der wird finden, wie natürlich und vernünftig dieser
Gedanken gewesen sey. Solche Stange, samt dem
damit verbundenen Drathe, ist ein vortreflicher Elek=
trizi=

trizitätsleiter (11 §); wegen ihrer Höhe wird sie
den Dunstkreis einer über dem Gebäude schwebenden
Gewitterwolke durchgehends vor den übrigen Theilen des Gebäudes erreichen; durch ihre Spitze wird
der Stoff des Blitzes leicht eingesauget (15 §), und
durch den gemachten Kanal in den gemeinen Elektrizitätsbehälter, die Erde, hinunter geführet (13§).

59 §. Es ist zu bewundern, daß man nicht schon
vorher auf diesen Einfall gekommen ist. Denn ohne
Zweifel haben aufmerksame Menschen, deren es zu
allen Zeiten gegeben hat, Jahrtausende durch, bei
Wetterschlägen auf Gebäude, wahrgenommen, daß
der Blitz meistentheils auf die höchsten Theile falle,
die Metalle vorzüglich ergreife, ihnen nachfolge,
soweit sie reichen, und, wenn sie stark genug sind,
diesen ganzen Weg ohne Schaden fortsetze. Wenigstens findet man diese Warnehmung bei allen dergleichen Wetterschlägen, die man je aufgezeichnet
hat, und die ich in einer großen, weit in die vorigen Zeiten hinauf reichenden Kette hier anführen
könnte, wenn es nöthig wäre a). Besagte Wahr-
nehmung stund also schon lang vor der Zeit des
franklinischen Vorschlages im hellen Lichte, und hätte denkenden Menschen leicht einen Wink geben kön-

C 2   nen,

---

a) Eine Menge solcher Wetterschläge, findet man umständlich
beschrieben in des Herrn Reimarus Abhandlung vom
Blitze, in des Herrn Mako Abhandlung von den Eigenschaften des Donners, in dem IV physikalischen Bande der
Kurpf. Akad. der Wissenschaften u. a. m.

nen, dem Blitze die Bahn, die er immer so begierig aufsuchet, in einem geräumigen und ununterbrochenen Kanale anzuweisen.

60 §. Die ersten Wetterleiter nach der franklinischen Vorschrift wurden im Jahre 1752 zu Philadelphia in Amerika an den Häusern einiger der dasigen Einwohner, unter welchen auch der Kaufmann West war, angeleget. Diese Gebäude blieben nun zwar unter so vielen andern, die der Blitz nach diesem in der Stadt von Zeit zu Zeit traf, unversehrt stehen: man konnte aber doch nicht sicher wissen, ob dieses nicht vielmehr einem glücklichen Zufalle, als der gemachten Einrichtung, beizumessen sey. Allein im Jahre 1760 hob der Himmel den Zweifel, da sich der Blitz sichtbarlich auf den Wetterleiter des Herrn West stürzete, die Spitze der Stange mehrere Zolle weit abschmelzete, und ohne weitern Schaden in die Erde übergieng. Da rief der Naturforscher Kinnersley, der diesen Wetterschlag untersuchet hat, mit wahrsagerischem Geiste aus, man würde in Zukunft, nach einem so herrlichen Beispiele, eben so viele Wetterleiter als Regenleiter (Dachrinnen) auf den Häusern sehen.

61 §. Die Vorsagung dieses Mannes kommt allgemach in Erfüllung. Amerika und Europa sind voll Wetterleiter. Viele tausend derselben strecken ihre Spitzen auf allen Gattungen von Gebäuden den Wolken entgegen. Engelland, Sardinien, Toskana, die Freistaaten Venedig, Genua, Luka, die öster-

österreichischen Lande, Frankreich a), Holland, die
Schweiz und mehrere Provinzen in Deutschland, als
Kurpfalz, Bayern, Zweibrücken, Anspach, Wür-
temberg und Baden, zeichnen sich darin aus. Den
Fürsten der drei leztern dieser Staaten gereichet es
zum ewigen Ruhme, daß sie alle öffentliche Gebäude
ihrer Lande wider den Bliz zu bewafnen befohlen
haben. Der berühmte Abt von Felbiger hat den
ersten Wetterleiter im deutschen Reiche errichtet b);
der unsterbliche Kurfürst von der Pfalz, Karl
Theodor, hat diese Maschinen durch sein Beispiel,
und seinen anhaltenden Eifer, fast allgemein darin
gemacht. Kuhr-Trier und Fuld folgen mit starken
Schritten nach. In mehrern andern Landen Europens sind die Wetterleiter zwar noch nicht so häufig,
aber doch nicht unbekannt. Man zählet deren mehrere in Rußland, Polen, Preußen, Dännemark,
Neapel, dem Kirchenstaate u. s. w. Engeland, Venedig, Dännemark und Holland setzen sie vielfältig
auf ihre Schiffe. Aber das ist das merkwürdigste,
daß die mehrsten Fürsten von Europa ihre Pulverthürne damit haben versehen lassen.

62 §. Und was war bis hieher der Erfolg aller
dieser so häufig in der Welt errichteten Wetterleiter?
Alle die Gebäude, woran sie regelmäßig angeleget

C 3   wor-

---

a) So viel Widerstand die Wetterleiter vorher in diesem Kö-
nigreiche fanden, so eifrig werden sie daselbst seit einigen
Jahren aufgepflanzet.

b) Im Jahre 1769 auf dem Thurme der Stifts- und Pfarr-
kirche zu Sagan in Schlesien.

worden, alle sind von den Verwüstungen des himm=
lischen Feuers frei geblieben. Ist dieses bei vielen
vielleicht von ohngefähr geschehen, so ist kein Zwei=
fel, daß es nicht bei einer Menge derselben den Wet=
terleitern zuzuschreiben sey. Denn erstlich haben
viele Gebäude, die vorher oft, fast jährlich, oder
des Jahres mehrmalen, vom Blitze getroffen, ge=
schmettert, entzündet, verwüstet worden sind, seit
der Zeit, daß sie mit Wetterleitern versehen sind,
nicht den geringsten Schaden mehr gelitten. Dahin
gehöret die Kirche zu Bornheim bei Frankfurt c), die
katholische Kirche zu Nierstein in der Pfalz d), die
Reinolduskirche zu Dortmund in Westphalen e),
die Kirche auf dem Peisenberg in Bayern f), das
Schloß de la Ferrandiere des Herrn Rivericu von
Lyon g), eine Kirche bei Charlestown in Karoli=
na h), der valentinische Pallast zu Turin, der Leucht=
thurm zu Genua i), die Kirche von Carignano eben
da

---

c) Wurde vom Blitze oft beschädiget, endlich in die Asche ge=
legt.

d) Ward sehr oft vom Strahle getroffen, zulezt verbrennt,
wieder aufgebaut, aufs neue entzündet.

e) Muste die Wuht des himmlischen Feuers auf das öfteste
empfinden.

f) Der Bliz beschädigte sie in 12 Jahren siebenmal.

g) Dieses Gebäud ist 5mal vom Strahle getroffen und beschä=
diget worden.

h) Ward gewöhnlich alle zwei bis drei Jahre vom Wetter ge=
schlagen und beschädiget.

i) Entgieng dem Wetterstrahle niemal über zwei Jahre.

da k), der berühmte Markusthurn zu Venedig l),
nebſt andern (64 S. Anmerk.). Dahin kann auch
Nordamerika überhaupt, und Philadelphia ins beſondere, gezählet werden, wo die Gewitter vorher
jährlich die greulichſten und entſetzlichſten Verwü-
ſtungen anrichteten, ſeitdem aber die Wetterleiter
ſich daſelbſt ſehr vervielfältiget haben, wenig Schaden mehr thun. „Es iſt kein Land in der Welt,
ſagt Burnaby in ſeiner Reiſebeſchreibung, das die
Wirkungen und den Nutzen der Wetterleiter ſo au-
genſcheinlich empfunden hat, als Nordamerika. Ehe
man dieſe Maſchinen allda eingeführet hatte, waren
die Verheerungen der Wetterſchläge unſäglich groß;
jetzt ſpricht man kaum mehr davon“. Den 27 Lenzmonat des Jahres 1782 wurde das Haus des franzöſiſchen Geſandten zu Philadelphia, Ritters von
Luzerne, das keinen Wetterleiter hatte, nebſt einem franzöſiſchen Befehlshaber, vom Blitze erbärm-
lich zugerichtet, ohne daß eines der bewafneten Häuſer im mindeſten verletzt worden wäre m). Wo iſt

C 4

der

---

k) Empfand die Schmetterkraft des Blitzes ſehr oft.

l) Wurde von dem Jahre 1388 bis 1763 neunmale vom
Strahle getroffen. Bei dem ſiebenten Wetterſchlage im
Jahre 1745 koſtete die Ausbeſſerung des beſchädigten
Thurnes über 8000 Dukaten.

m) Die umſtändliche Beſchreibung dieſes greulichen Wetterſchlages, gegeben von dem königl. Geſandſchaftsrathe,
Herrn von Marbois, zu Philadelphia den 30 Lenzmonat
1782, habe ich durch die Güte des Herrn von Runge,
herzogl. Zweibrückiſchen Oberſtwachtmeiſters, erhalten.

der Mann in der Welt, der ohne offenbare Unbillig-
keit alles dieses einem Ohngefähr zuzuschreiben sich
unterstehen wollte?

63 §. Zweitens sind zur Gewitterzeit auf den
Spitzen sehr vieler Wetterleiter, in verschiedenen
Landen und Gegenden, bleibende Flämmchen (32 §),
zum Zeichen des Abflußes des Blitzstoffes, gesehen
worden. Eine merkwürdige Erscheinung dieser Art
ist im Jahre 1781, des Abends bei einem schweren
Gewitter, auf zweien Wetterleitern des Schloßes zu
Nimfenburg, deren 17, jeder mit 5 Spitzen, darauf
stehen, von dem ganzen kurfürstlichen Hofe beobachtet worden, wodurch mehrere elektrische Ungläubige
so bekehret wurden, daß sie ihre Häuser ebenfalls wider die Blitzstrahlen bewafnen ließen. Nicht lang
nach dieser Erscheinung hat sich daselbst eine weit
merkwürdigere ereignet. Es zog nemlich ein greuli-
ches Gewitter von Westen gerad über dem Schloße
nach Osten hin, und sehet da, sobald die Wetterwolken über dem Schloße hergegangen waren, glichen
sie todten Kohlen, und gaben nicht mehr das mindeste Feuer von sich, da sie doch alle auf der andern
Seite des Schloßes, wo das Gewitter herkam, so
entsetzlich blitzeten, daß der ganze Himmel daselbst
ein feuriger Strohm zu seyn schien.

64 §. Drittens ist der himmlische Strahl schon
auf eine Menge Wetterleiter gefallen, und ohne die
geringste Beschädigung der Gebäude, an welchen sie
angelegt waren, abgeleitet worden. Ueberzeugende,
und in der Geschichte der Wetterleiter unvergeßliche
Beis

Beispiele hievon haben wir an dem oben (60 §) genannten Hause des Herrn West zu Philadelphia,
an dem Hause des Herrn Mulder eben da n), an
dem Wohnhause des Herrn Tuker in Virginien, an
der holländischen Kirche zu Neuyork o) an dem
Schiffe des englischen Hauptmannes Cook p), an
der Sternwarte zu Padua, an dem Thurne auf dem
großen Plaße zu Siena q), an dem Franziskusthur-

C 5   ne

---

n) Zu gleicher Zeit wurden zwei andere Häuser der Stadt
nebst einem Schiffe, welche drei Gebäude keine Wetterleiter hatten, vom Blize getroffen und sehr beschädiget.

o) Dieselbe wurde in den Jahren 1750 und 1763 vom Wetter
geschlagen und geschmettert, hierauf unter den Schuz eines Wetterleiters gesezet. Diesen traf der Strahl 1765,
und folgete ihm ohne Schaden bis in die Erde.

p) Als dieses Schiff im Jahre 1770 den 10 Weinmonat zu
Batavia lag, entstund Abends ein grausames Wetter.
Herr Cook ließ die Ableitungskette anlegen. Der Bliz
schoß darauf, und lief sichtbarlich an derselben ins Meer
hinunter. Ein holländisches, nur zwei Kabelstaulängen
davon entferntes Schiff, das mit keinem Wetterleiter bewafnet war, kam nicht so glücklich durch. Ein Strahl
spaltete den großen Mast desselben, und zersplitterte die
beiden Maststangen völlig.

q) Dieses prächtige Gebäude wurde vom Blize mehrmalen,
nicht ohne merkliche Beschädigung, beimgesucht. Es
wurde daher mit einem Wetterleiter versehen, auf den das
Volk sehr fluchte. Der 1ste Ostermonat des Jahres 1777
machte dem Murren ein End. Ein Wetter näherte sich
dem Thurne an diesem Tage, alles versammelte sich auf
und an dem großen Plaße, der Strahl stürzte sich im An-

gesichs

ne zu Venedig, an einem Lusthause bei Ceneda in
Italien, an der Kirche des heiligen Justus zu Lyon,
an dem Pulverthurne zu Glogau, an dem Kirchthurne auf dem Lußziariberge in Kärnten r) an dem
Hause des Herrn Grafen von Törring-Seefeld
in Baiern, an dem fürstlichen Pomeranzenhause zu
Karlsruhe, an dem Hause des Herrn Grafen von
Riaucour zu Mannheim s), und so weiter. Hier
will

---

gesichte aller Leute auf den Wetterleiter, und gab unläug-
bare Zeichen seines Durchganges, der aber so unschädlich
war, daß nicht einmal das Spinngeweb, womit der Ableiter hier und da bestricket war, versengt oder zerrissen wurde.

r) Im Jahre 1730 wurde dieser Thurn nach vielfältigen Wetterschlägen endlich ganz davon zerstört. Er wurde wieder
aufgebaut, und mit Bleche gedeckt. Seit dieser Zeit
vergieng nicht ein Jahr, daß er nicht wenigstens fünf bis
sechsmal getroffen wurde. Vor einigen Jahren geschah
dieses während einem einzigen Wetter über zehenmal. Im
Jahre 1778 wurde er fünfmal geschlagen, und so beschädigt, daß er seinem Einsturze nahe war, und wieder neu
hergestellt werden mußte. Da ließ ihn Herr Graf von
Rosenberg, Eigenthümer des Berges, mit einem Wetterleiter versehen. Seitdem fiel der Blitz ein einzigesmal
auf den Thurn, traf aber den Wetterleiter, und gieng
durch diesen, ohne dem Gebäude im geringsten zu schaden, in die Erde über.

s) Im Herbstmonat des Jahres 1779 ergoß sich bei einem ent-
standenen Gewitter ein gewaltiger Strohm des himmlischen
Feuers auf eine der Wetterstangen dieses Hauses. Viele
glaubwürdige Personen, die sich wegen des Regens unter
das gerad gegenüber stehende Kaufhaus gerettet hatten,
und

will ich nur im Vorbeigehen noch anmerken, daß, wenn der Blitz nicht deutliche Spuren ſeines Uebers ganges irgendwo hinterläßt, man nicht verſichert ſeyn könne, daß er daſelbſt wirklich eingefallen ſey. Der Schein betrüget hier gar oft. So weis ich z. B. aus zuverläßigen Quellen, daß die Wetterſchläge, die einige Gelehrte von einem Thurne zu Hamburg, und dem Schloſſe zu Düſſeldorf angeben, nichts ans ders als ſolcher Schein geweſen ſind.

65 §. Viertens haben auch zufällige, oder von ohngefähr angebrachte Wetterleiter ſchon oft gute Dienſte gethan. Den Beweis hievon geben uns uns ter andern folgende Gebäude.

1) Die Peterskirche zu Genf. Dieſe liegt am höchſten Orte der Stadt, ihre Thürne ragen über alle übrige Gebäude weit hinaus, und dennoch iſt ſie nies mal vom Blitze beſchädiget worden, welches doch andern niedrigen Kirchen daſelbſt mehrmal widers fahren iſt. Als der daſige berühmte Naturforſcher, Herr von Sauſſüre, die Urſache dieſer wunderbas ren Sache aufſuchete: fand er, daß zuſammenhans gendes Metall von den Gipfeln der Thürne der ges

dachs

---

und Augenzeugen davon waren, gaben mir Nachricht das von. Ich unterſuchte mit einem guten Fernrohre alle Spitzen der Wetterleiter, und entdeckte eine darunter, die beſchädiget war. Ich ließ ſie abſchrauben und herun terbringen. Da zeigte es ſich, daß ſie oben angeſchmols zen, und 2 Zolle lang ſchneckenförmig gewunden war. Ich verwahre ſie in dem hieſigen kurfürſtlichen Kabinette der Naturlehre.

dachten Kirche bis zur Erde herunter laufe, und sie
also mit wahren Wetterleitern bewafnet seyen (57 §),
welches sich an den übrigen beschädigten Kirchen nicht
findet. Herr von Sauffüre stellte seinen Landes=
leuten, die wegen des von ihm auf seinem Hause er=
richteten Wetterleiters unruhig waren, diesen Um=
stand mit Nachdrucke vor Augen.

2) Mehrere hohe Gebäude zu Mailand, die,
nach dem Zeugniße des gelehrten Professors dieser
Stadt, Herrn Ritters Landriani, ebenfalls mit
solchen zufälligen Wetterleitern versehen sind, und
niemal den mindesten Schaden vom Wetterstrale ge=
litten haben.

3) Ein Thurn des Schlosses des Rittergutes
Kreibißsch, welches unweit Naumburg auf einem
hohen Berge liegt. Bei hinlänglicher Annäherung
eines Gewitters zeigete sich durchgehends ein Licht
auf der Spitze dieses Thurnes (32 §), und die äl=
testen Leute wußten sich nicht zu erinnern, daß es je=
mals in denselben eingeschlagen hätte. Nun wurde
der Thurn, bei vorgenommener Ausbesserung des
Knopfes, um 6 Schuhe erhöhet. Kurz darauf fuhr
der Blitz in denselben, und schmetterte ihn, welches
seitdem noch sehr oft geschehen ist. Es ist vorher
zweifelsohne eine zufällige unbekante Ableitung an
diesem Thurne gewesen, die bei gedachter Erhöhung
unterbrochen worden ist.

4) Der St. Stephansthurn zu Wien. Dieser
ist, wie Herr Ingenhouß berichtet, 434 1/2
Schuhe hoch, und ist seit seiner Errichtung, das ist,

seit

seit 400 Jahren fast jährlich vom Blitze getroffen,
und sehr oft beschädiget worden.   Eine solche Mens
ge Steine wurden dabei gespaltet und zersprengt,
daß die Ausbesserungen kaum zu zählen sind.   Und
wo sind alle diese Schläge und Verheerungen am
Thurne geschehen?   An dessen oberen Theile, wo die
Metalle unterbrochen sind, denn der untere Theil,
der über die Hälfte der ganzen Thurnhöhe ausma=
chet, und mit zusammenhangendem Metalle von
oben bis unten auf den Erdboden versehen ist, hat
niemal die mindeste Beschädigung erlitten.

66 §. So herrlich sind die Beispiele, so wichtig
und glänzend die Thatsachen, welche zum Vortheile
der Wetterleiter sprechen.   Wahrlich ein unschätzba=
res Geschenk des Himmels, welches jeder denkende
Mensch, der die Vorurtheile der Erziehung abzule=
gen weiß, mit beiden Händen ergreifen wird.   In=
dessen ist nicht zu läugnen, daß es nicht auch einige
Gebäude gebe, welche, wiewohl sie mit Wetterleis
leitern versehen waren, dennoch einigen Schaden
vom Blitze gelitten haben.   Solche sind 1) das
Haus des Herrn Raven zu Charlestown in Karo=
lina, 2) das Haus des Herrn Maine zu Indian=
land in eben der Provinz, 3) das Haus des Herrn
Haffenden zu Tenterden in der Grafschaft Kent,
4) das Versammlungshaus des Geschützvorstandes
zu Purfleet, vier bis fünf Meilen von London t),
                                                    5)

---

t) In einigen gelehrten: Nachrichten wird dieses Haus ein
   Pulverthurm genannt, welches irrig ist.

5) das Arbeitshaus zu Heckingham in Norfolk, 6) die Mariäschutzkirche bei Genua. Allein die Wet= terleiter auf allen diesen Gebäuden waren fehlerh●, wie wir im Verfolge von jedem derselben insbeson= dere zeigen werden. Einige davon sind aus der Zahl der ersten, die errichtet worden sind; und da wird es keinen vernünftigen Menschen wundern, wenn sie noch einige Mängel hatten, indem dieses ja der Gang aller menschlichen Dinge ist, daß sie niemal gleich und auf einmal, sondern nur allmählich und stuffenweise, ihre Vollkommenheit erlangen. Bei den übrigen dieser Wetterleiter kam der Fehler theils aus Unwissenheit, theils aus Unachtsamkeit derjeni= gen her, die sie anlegten. Da wir nun den Nutzen der Wetterleiter überhaupt oben (62. 65 §) hinläng= lich dargethan haben: so können diese paar Fehler, und die darauf erfolgten Unglücksfälle, ihrem An= sehen nichts benehmen. Werden wir wohl die Schu= he und Kleider, die Dächer unserer Häuser, die Dämme und Wasserleitungen, um deswillen gering schätzen, oder gar abschaffen, weil sie bisweilen von Pfuschern, oder aus Versehen, übel gemacht wer= den, und ihrem Zwecke nicht gehörig entsprechen? Man behalte das Gute, und steure den Mängeln. Wir sind also nun an dem, daß wir untersuchen, wie ein guter, fehlerfreier Wetterleiter beschaffen seyn müsse.

67 §. Der Zweck der Wetterleiter ist, die Gebäu= de, an welchen sie angebracht werden, vor allen schädlichen Wirkungen des Blitzes zu schützen. Ihre

Kraft

Kraft muß sich also über alle Theile des Gebäudes, die dieses Schutzes benöthiget sind, erstrecken. Sie müssen so eingerichtet seyn, daß der himmlische Strahl nicht nur bei seinem Einfalle, sondern auch bei seinem Abfluße, keinen Schaden verursachen könne. Der Einfall des Strahles hat durchgehends auf den obern Theilen des Gebäudes statt (59 §), und seine Ableitung geht an demselben in die Erde herab (57 §). Jeder Wetterleiter hat also wesentlich drei Theile, den obern auf dem Dache, den mittlern längs dem Gebäude herunter, und den untern, durch den er mit der Erde verbunden ist.

68 §. Es finden sich aber durchgehends mehrere metallene Körper auf dem Gebäude, auf die sich das himmlische Feuer gern stürzet (59 §). Haben diese keine Gemeinschaft mit dem Ableiter, so könnte der Blitz leicht von einem derselben auf den andern springen, und das Gebäude, seiner Bewafnung ungeachtet, beschädigen (13 §). Die Verbindung der Metalle mit dem Wetterleiter ist daher ebenfalls nothwendig.

69 §. Nebst den Metallen ist der Rauch, der aus den Kaminen aufsteiget, und großentheils aus Wassertheilen besteht, auch ein Elektrizitätsleiter (11 §). Ergreift nun der Wetterstrahl solche Rauchsäule, die sich oft sehr hoch erhebet, so fährt er durch sie ins Haus hinunter, wenn er nicht einen bessern Leiter, desgleichen Metall ist (12 §), unterweges antrift, der ihn zum Hauptleiter hinführet. Aus dieser Ursache ist eine besondere Bewafnung der Schornsteine zu veranstalten, und mit dem Wetterleiter in Gemeinschaft zu bringen.   70 §.

70 §. Dieser Bedacht ist nicht blos wegen des Rauches, sondern auch um deswillen auf die Schornsteine zu nehmen, weil sie sehr erhabene, und immer besser leitende Körper als die blose Luft sind, welche daher der Blitz, in seinem Hinfahren auf nahe gelegene Metalle oder andere Leiter, gern streifet und schmettert. Man muß demnach auch alle merklich emporragende Theile des Gebäudes bewafnen, und mit dem Wetterleiter verbinden.

71 §. Endlich damit der Strahl, er mag oben hinfallen, wo er will, überall eine freie, ungehinderte Bahn zum Wetterleiter finde, so überziehe man die ganze Fürst, und, wenn das Gebäude frei steht, auch die Gräte an der Wetterseite, mit einer metallenen Leitung (wofern solche nicht schon da ist), und gebe ihr mit dem Hauptleiter die gehörige Verbindung.

72 §. Das ist die Einrichtung, die zu einem vollkommenen Wetterleiter gehöret. Ist diese auf einem Gebäude wohl gemacht, so kann man in allen Fällen, die sich nach dem gewöhnlichen Laufe der Dinge zu ereignen pflegen, versichert seyn, daß es samt allem dem, was darin ist, vom himmlischen Feuer niemal etwas zu befahren habe. Nun wollen wir alles Stückweise betrachten.

Oberer Theil des Wetterleiters.

73 §. Dieser besteht auf gemeinen Gebäuden aus einer eisernen Wetterstange, (Gewitterstange, Auffangstange), welche 12 bis 15 Schuhe lang, und

unten

unten wenigstens 5/4 Zoll dick ist u). Die untere
Hälfte derselben kann rund oder eckig, ganz von
gleicher Dicke, oder ein wenig verjüngt (verdünnt)
seyn. Die obere Hälfte aber wird gerundet w), und
stark verjüngt, so, daß sie in eine feine Spitze aus=
laufe. Machet man diese Spitze, gleich der übrigen
Stange, von Eisen, so muß man sie einen Schuh
lang vergolden, um sie vor dem Roste zu verwahren,
als welcher dem Einfließen des Blitzstoffes widersteht
(11 §). Ein Anstrich von Oele würde den Rost zwar
ebenfalls abhalten, allein derselbe würde besagtem
Stoffe gleichen Widerstand thun (11 §). Das beste
ist, daß man diese Spitze, in der genannten Länge
eines Schuhes, von Kupfer mache, und sie auf die
eiserne Stange schraube. Das Kupfer rostet nicht
merklich, und das Aufschrauben hat den Vortheil,
daß, wenn die Spitze von einem Wetterstrahle ver=
letzt wird (60. 64 §. s), man sie leicht abnehmen,
und eine andere an ihrer statt aufschrauben könne.
Die Spitze mag aber auf diese oder jene Art gemacht

wer=

---

u) Das hier angegebene Maas der Stange ist nicht wesentlich.
Doch muß sie über alle nahe Theile des Gebäudes merklich
hervorragen. Ueberhaupt je länger sie ist, desto besser.
Auf großen Gebäuden, als Schlössern u. d. gl., wo sie
weit von andern ihres Gleichen zu stehen kommt, pflege
ich ihr 18 bis 20 Schuhe in der Länge zu geben. Ihre
Dicke muß der Länge immer angemessen seyn.

w) Diese Gestalt ist die beste, die man ihr geben kann. Sie ma=
chet mit der vorgeschriebenen Verjüngung einen Kegel aus.

D

werden, so muß man immer, so viel möglich ist, sorgen, daß sie mit der Wetterstange genau zusammen hange. Dieses geschieht nun nicht, wenn man sie auf eine Windfahne schraubet, und diese auf die Wetterstange henket. Denn da die Fahne diese Stange, um der nothwendigen Beweglichkeit willen, nur in wenigen Punkten berühret: so wird der einfließende Gewitterstoff allda aufgehalten, und die Kraft der Spitze dadurch gehemmet. Diese mangelhafte Einrichtung habe ich vormals selbst, wiewohl auf Begehren, auf einem Gebäude gemachet.

74 §. Um das Einfließen des Gewitterstoffes zu befördern, kann man der Wetterstange mehrere Spitzen geben. Zu dem Ende schneidet man einen Schuh über ihrer untern Hälfte drei bis vier Gewinde auf, und schraubet eine viereckige Mutter M (5 Fig.) darauf, die einen Zoll in der Dicke, und drei im Gevierten hat. In die Mitte der schmalen Seiten dieser Mutter werden vier eiserne Stangen, wovon S ein Bruchstück vorstellet, wagerecht eingeschraubt. Sie haben vier Schuhe in der Länge, unten 1/2 Zoll in der Dicke, verjüngen sich durchaus, und endigen sich, gleich der Wetterstange, in eine feine Spitze, die 1/2 Schuh lang von Kupfer ist, und aufgeschraubet wird. Bei dem Aufrichten der Wetterstange wird die Mutter so gedrehet, daß zwei dieser Seitenstangen gerad über die Fürst, ihrer Länge nach, hersehen. Kommt ein Wetter, mit tief herabhangenden Dunstkreisen der geladenen Wolken (53 §), von der Seite her, es sey nun von welcher es wolle, so wird

ins

immer eine der vier Seitenspitzen dem anrückenden
nächsten Dunſtkreiſe ſenkrecht entgegenſtehen, und
in Einſaugung des Blitzſtoffes theils wegen ihrer Geſtalt (32 §), theils wegen ihrer Richtung (eben
da 5), eine gewünſchte Wirkung thun. Kommen
alle fünf Spitzen in den Dunſtkreis, ſo wirken ſie
deſto ſtärker, wie aus dem jetzt angeführten § ebenfalls erhellet x). Alles, was an der Wetterſtange

D 2

von

---

x) Auf ſehr niedern Gebäuden kann man ſich mit einer Spitze
begnügen, ſo wie ich ſelbſt auf mehrern dergleichen gethan
habe. Wer dieſes auch auf höhern Gebäuden thun will,
der wird nichts weſentliches dabei verlieren. Indeſſen hat
eine Menge Naturforſcher von verſchiedenen Völkern für die
Mehrheit der Spitzen wegen des oben genannten Vortheiles
geſtimmet. Aus dieſer Zahl ſind Henly, Lane, Nair-
ne und Planta, Mitglieder der Geſellſchaft der Wiſſenſchaften zu Londen; der Naturforſcher, welcher Whit-
fields Kapelle zu Londen bewafnet hat; diejenigen, die die
Wetterleiter auf die Häuſer der Herren Raven und Maine (66 §) geſetzet haben; Marat von Paris, Berths-
lon von Toulouſe, von Morveau aus Diſon, Champy
eben daher, Cotte von Montmorency, Graf von
Büffon, Barbier von Strasburg, Scuderi von Turin, Landriani von Mailand, Vivenzio von Neapel,
Turini von Verona, die königlichen däniſchen Feldbau-
meiſter, welche die Pulverthürne zu Glückſtadt und Rens-
burg mit Wetterleitern verſehen haben; van Breda aus
Delft, Bagens aus Holland, Mako von Wien, Lich-
tenberg von Gotha, Achard von Berlin (in ſeinem
Gutachten auf des Königs Anfrage über die beſte Geſtalt
der Wetterleiter), von Felbiger aus Sagan in Schle-

ſien.

von Eisen ist, wird mit Oelfarbe angestrichen, damit es nicht roste. Diese Farbe kann füglich auf folgende

___

sten, Böckmann von Karlsruhe, Gros von Stuttgard, Nolde von Anspach, Epp aus München, von Sten-gel eben daher, Hübner aus Burghausen, Becker von Fuld, nebst vielen andern. Dahin gehören auch diejenigen, welche bei hohen Gebäuden mehrere wagerechte gespizte Stangen von Stockwerke zu Stockwerke anbringen, und mit der Hauptstange verbinden, als Jonda von Rom, Toaldo von Padua, Le Roi, von Paris u. s. w. Man fürchte nicht, daß die vielen Spizen mehr Gewitterstoff einsaugen, als der Ableiter fassen kann. Diese Furcht ist auf keine gewisse Erfahrung, auf keine entscheidende That-sache gegründet. Blose Vernünftlungen aber und Muth-maßungen gelten in der heutigen Naturlehre nichts. Und wie sollte ein Uebermaas des Gewitterstoffes durch diesen Weg entstehen? Wenn man ja die Ende von drei oder vier-mal so vielen Spizen, als man zu brauchen pfleget, in ei-ne zusammen schmelzete, so würde diese die von den Natur-forschern bestimmte Dicke oder Geräumigkeit des Ableiters (88 §) noch nicht einmal erreichen. Ist doch niemand in Abrede, daß man mehrern, auf dem Gebäude errichteten gespizten Stangen eine einzige Ableitung in die Erde geben könne. Ist es doch eine allgemein erkannte Nothwendig-keit, die Metalle des Gebäudes mit dem Ableiter zu ver-binden (68 §). Wie, wenn nun alle diese Stangen zu-gleich saugeten oder Wetterstrahle empfingen? Wie, wenn der Bliz, bei einer einzigen Spize und Ableitung, nebst dieser Spize auch die verbundenen Metalle an einem oder mehreren Orten zu gleicher Zeit träfe? Ist das nicht eben der Fall, wie bei mehrern Spizen einer einzigen Wet-terstange? Ja, hat es nicht weit mehr zu bedeuten, wenn

der

de weise verfertiget werden. Zu einer Maas Leinöle
nimmt man 1/4 Pfund Silberglätte, 1/8 Pf. Gold-
glätte, 2 Loth weisen Vitriol, und läßt alles 1/2
Stunde kochen.

75 §. Die Wetterstange wird entweder auf eine
besonders errichtete Helmstange, oder unmittelbar
auf die Dachsparren nach der Bleischnur befestiget.
Zu dem Ende schweifet man im ersten Falle vier, im
zweiten zwei starke, 2 1/2 bis 3 Zolle breite, 3 Schuhe
lange, und zweimal gelochte Federn oder Schinen
am untern Ende der Wetterstange an (6 und 7 Fig.).
Die Helmstange wird oben gespitzet, und raget so
weit über das Dach hinaus, als die Federn lang
sind. Dieses Hervorragen giebt der Wetterstange
mehr Höhe und Vortheil (73 §. u), aber nothwendig ist es nicht, und die Federn können mit der Helmstange auch ganz unter dem Dache stehen. Werden
sie mit dieser über das Dach erhoben, so können sie
mit einem blechenen Stifel H L (8 Fig.) gedecket
werden, dessen Knopf vornehme Leute ganz vergolden, die Röhre aber mit Gold und schwarzer Oelfarbe ringeln lassen, welches sehr schön steht, aber
auch, wie leicht zu sehen ist, eine blose Zierde ist,
die zur Sache selbst nichts thut. Die Federn der
Wetterstange werden sowol in einem als dem andern

D 3   Falle

---

der Blitz sich auf einen einzigen stumpfen Theil der verbundenen Metalle wirft, als wenn er in eine Menge Spitzen
zugleich einfließet, indem er bei seinem Eintritte dort vielmehr Raum als hier findet?

Falle vermittelst dicker Schrauben (9 Fig.), die
durch die Helmstange und die Sparren gestecket, und
durch Vorlagen und Mütter gehalten werden, stark
angezogen und fest gemacht y). Das ist die gemeine
Art, die Wetterstange zu befestigen. Sie kann aber
auch an andere hervorragende starke Körper durch
Klammern, Bänder u. d. gl. angemacht werden.
Genug, wenn sie fest steht, es werde auf diese oder
jene Weise bewerkstelliget.

76 §. Auf spitzigen Thürnen, worauf kein metallener oder anderer Aufsatz steht, können diese Wetterstangen auf gleiche Art aufgerichtet werden. Ist
der

---

y) Handgriffe bei Aufpflanzung der Wetterstange sind folgende.
Ehe die Helmstange aufgerichtet wird, werden die 4 Federn
angeleget, so, daß die Wetterstange senkrecht aufsitze.
Hierauf zeichnet man die Helmstange an den Löchern der
Federn, bohret sie daselbst, stecket die Wetterstange wieder
auf, befestiget sie oben angezeigtermaßen, und bringet sie
mit der Helmstange schief zum Dache hinaus. In dieser Lage schiebet man den Stiefel über, wenn man
einen brauchet, schraubet sodann die 4 Seitenstangen,
und die 5 kupfernen Spitzen (73. 74 §) auf, richtet das Ganze in die Höhe, und giebt der Helmstange
die gehörige Befestigung. Wird die Wetterstange auf
zwei zusammenstoßende Sparren geschraubet, so mißt man
zuvor den Winkel, den diese mit einander machen, und
bieget die Federn in der Schmiede darnach. Dann richtet
man die Stange senkrecht auf den Sparren auf, zeichnet
diese an den Löchern der Federn, bohret sie, setzet die
Stange wieder darauf, und befestiget sie durch Schrauben,
wie oben.

der Aufſatz gering und unbedeutend, ſo kann er weg=
genommen werden, um der Stange völlig Platz zu
machen. Iſt er aber groß und von Wichtigkeit, als
Kreuze u. d. gl., ſo kann die Wetterſtange an den=
ſelben, als an eine Stütze, angelehnet, und feſt da=
mit verbunden werden, wenn ſonſt kein Hinderniß
im Wege ſteht. Solche Hinderniſſe machen aber die
Wetterhanen und Windfahnen, die ſich oft auf den
Kreuzen, oder andern dergleichen Aufſätzen befinden.
In dieſem Falle kann man in oder auf die Ende des
Kreuzes oder der eiſernen Stange, die den Windzei=
ger trägt, Gewinde ſchneiden, und metallene Spi=
tzen von einigen Schuhen in der Länge darauf ſchrau=
ben. Das Kreuz wird alsdann eine vielſpitzige, die
einfache Stange aber, die keine Seitenarme hat,
eine einſpitzige Wetterſtange ſeyn (74 §). Das
Aufſchrauben der Spitzen auf die Ende der metalle=
nen Kreuze oder Stangen iſt auch dienlich, wenn ſich
keine Windzeiger darauf befinden, wie ich z. B. an
dem Thurnkreuze der neuen Kirche zu St. Blaſi im
Schwarzwalde veranſtaltet habe. Da bei der gemei=
nen Art, die Windzeiger aufzuhenken, das obere
End des Kreuzes oder der Stange durch dieſelben
durchgeht: ſo iſt nichts, was das Aufſchrauben einer
Spitze daſelbſt hindert. Ein anderes iſt, wenn man
dem Windzeiger mehr Beweglichkeit, und z. B. ſol=
che Einrichtung geben will, wie ich auf dem kurfürſt=
lichen Schloſſe zu Schwetzingen gethan habe. Die
eiſerne Stange OP (10 Fig.) iſt oben geſpitzt. Die
Fahne FG hängt mit dem Huthe K darauf. Ueber

D 4   dem

dem Ringe H, der frei um die Stange spielet, befindet sich ein Keil M, damit der Wind die Fahne nicht heraushebe. Hier muß die Spitze C auf dem Huthe der Fahne befestiget werden. Um die Zahl der Spitzen zu vermehren, kann man noch eine an dem Gegengewichte der Fahne bei A, oder ein paar andere gegen die Mitte der Spitze C, wagerecht anbringen, wobei aber zu merken, daß die Wirkungskraft aller dieser Spitzen geschwächt werde (73 §). Endlich wenn sich ein Stern auf dem obern Ende eines metallenen Aufsatzes des Thurnes befindet, so brauchet es weiter gar keiner Wetterstangen und Spitzen, wenn nur die Flammen oder Strahlen des Sternes gut gespitzet sind.

77 §. Was die Zahl der Wetterstangen betrift, so ist auf gemeinen, mittelmäßigen Gebäuden, die aus einem Stücke bestehen, oder in einem fortlaufen, eine Stange hinlänglich, und diese wird alsbann auf die Mitte der Fürst gesetzet. Ist solches gerad fortlaufende Gebäude einige hundert Schuhe lang, so kann auf jedem Ende desselben eine Stange errichtet werden. Dieses leztere ist auch auf Pulverbehältnissen rathsam, die etwas weniger, z. B. 80 bis 100 Schuhe in der Länge haben. Besteht das Gebäud aus mehrern Flügeln, so kommt auf die Mitte eines jeden derselben eine Stange zu stehen. Doch wenn der Flügel nur zwei, und diese kurz sind: so ist eine Stange auf dem Ecke, wo sie zusammen stoßen; hinlänglich. Befinden sich zwischen den Flügeln Zwischengebäude von größerer Höhe, z. B. flache Thür-

ne

ne, wie an dem Schloffe zu Mannheim, so werden die Stangen auf diese Gebäude, nicht auf die Flügel, gesetzet.

78 §. An Kirchen, wo der Thurn an einem Ende derselben steht, gehöret sowol der Spitze des Thurnes, als dem entgegengesetzten Ende des Langhauses, wenn dieses nicht sehr kurz ist, eine Wetterstange. Stehet aber der Thurn mitten auf der Kirche, so wird nur jener, nicht diese, mit einer Stange bewafnet. Hat die Kirche mehrere Thürne, so bekommt jeder derselben seine Wetterstange, die Kirche selbst aber keine, wofern diese Thürne nicht beisammen an einem Ende derselben stehen: denn in diesem Falle kommt auch ihr eine Wetterstange, wie hier oben, zu. Was hier von den Kirchen gesaget worden, ist auch bei den Herrschaftshäusern zu beobachten, die mit Ziervaths- oder Aussichtsthürnchen versehen sind.

79 §. An Windmühlen wird auf das äusere End eines jeden Flügels, desgleichen auf den Gipfel des Huthes (des beweglichen Daches) eine Wetterstange gesetzet. Diese besteht auf den Flügeln aus einer einfachen, mit denselben in gleicher Richtung stehenden Spitze, die nicht lang seyn darf, damit sie, bei dem umlaufenden Flügel, nicht auf dem Boden streife. Auf dem Huthe kann sie die gewöhnliche Länge und Gestalt haben. Wären die Flügel dem anrückenden Wetter immer entgegen gekehret, so wäre der Huth durch dieselben auch immer geschützet, und brauchte keine Wetterstange. Allein oft ist zur Gewitterzeit auch Windstille, und oft ist der Wind

D 5

dem

dem Zuge des Wetters bis auf den Augenblick, da
es da ist, entgegen gesetzet, in welchen beiden Fällen sein Dunstkreis den Huth vor den Flügeln berühren, und wegen des vielen darin angebrachten Ei-
senwerkes durchschlagen könnte.

80 §. Auf den Krahnen an Flüssen bekommt aus
gleichen Ursachen sowol das äusere End des Schnabels als der Huth seine Wetterstange. Auf dem
Schnabel wird sie nach dem Senkel aufgerichtet.

81 §. Bei Schiffen ist auf jedem Maste eine Wetterstange nöthig, die aber nicht über ein paar Schuhe
lang zu seyn brauchet, weil der Mast an sich ein dünner und sehr empor ragender Körper ist. Ist die
Wetterstange allda für beständig fest gemacht, so
kann man ihr mehrere Spitzen geben. Wird sie aber
so eingerichtet, daß sie nur bei Entstehung eines Gewitters aufgerichtet, dann wieder weg genommen
werde, so machet man sie, der Bequemlichkeit wegen,
nur einspizig. Ueberhaupt ist es keine Nothwendig-
keit, daß man die Wetterstangen auf den Gebäuden
sehr vervielfältige, wenn nur die merklich hervorragenden Theile wohl verwahret sind (70 §). Doch
muß man der Ordnung und dem Wohlstehen biß-
weilen auch etwas zugeben.

82 §. Da die Spitzen die Elektrizität auch schon
in dem entferntern schwächern Theile des Hauptdunstkreises einer anrückenden Wetterwolke einsaugen, so,
daß, wenn diese sich bis zur Schlagweite nähert,
der Ausbruch ihres Donnerstoffes niemal so stark ist,
als bei stumpfen Körpern (31, 32 §): so haben wir
bei

bei den Wetterstangen die spitzige Gestalt der stumpfen billig vorgezogen. Alle Naturforscher stimmen
mit uns in dieser Auswahl überein, nur den Herrn
Wilson mit einigen wenigen Anhängern ausgenommen, der die stumpfe Gestalt für vortheilhafter
erkläret. Sein Grund besteht darin, daß die Schlags-
weite bei den Spitzen größer sey als bei stumpfen
Körpern. Wiewol nun dieses wahr ist, wenn die
Umstände gleich sind (32 §): so hat doch diese Be-
dingniß bei dem Anrücken einer Wetterwolke niemal,
oder äusserst selten statt, weil ihre Ladung nach dem
Maaße, daß sie der Spitze näher kommt, sich immer
mehr schwächet, welches bei stumpfern Körpern nicht
geschieht. Erwäget man alles genau, so besteht der
einzige wesentliche Unterschied zwischen den spitzigen
und stumpfen Wetterstangen darin, daß, wenn eine
Gewitterwolke sich mit Gewalt auf diese Stangen
entladet, der Strohm ihres Feuers bei den erstern
allemal weit schwächer, als bei den leztern sey. Da
nun der himmlische Strahl, er sey stark oder schwach,
sich gern auf die höchsten Theile der Gebäude wirft,
und die Metalle, sie seyen stumpf oder spitzig, sonderlich gern ergreift und verfolget (59 §): so ist kein
Zweifel, daß, wenn die stumpfen Wetterstangen gehörig erhoben z), und vermittelst eines guten Kanales

---

z) Diese Stangen so niedrig machen, daß sie kaum über das
   Dach hervorragen, und sie zu dem noch hinter die Schornsteine verstecken, wie man auf dem Pallaste zu St. James,
   bei Verwandlung der darauf gestandenen spitzigen Wetter-
   stan-

nales mit der Erde verbunden sind, das Gebäud,
worauf sie stehen, und an dem sonst die nöthigen
Vorkehrungen (68:71 §) gemacht sind, nicht eben=
falls in völliger Sicherheit stehe. Demnach kann
man auf hohen, schon stehenden Gebäuden, als
Kirch= und andern Thürnen, worauf sich stumpfe
metallene Aufsätze befinden, diese Aufsätze kühn un=
verändert stehen, und für Wetterstangen gelten las=
sen, wenn man will.

83 §. Die Stelle einer vorzüglich guten stumpfen
Wetterstange vertritt bei jedem Gebäude das Dach,
welches ganz mit Metalle gedeckt ist, wenn es auch
keinen metallenen Aufsatz hätte. Dahin kann auch
der Schnabel eines Krahnens gezählet werden, wenn
er mit Metalle beschlagen ist.

84 §. Die Anstalten, die ich oben (76 §) zur
Errichtung spitziger Wetterstangen vorgeschrieben ha=
be, zielen hauptsächlich auf neue Thürne, die erst
aufgeführet werden. Diese Anstalten auch auf Thür=
nen anbringen wollen, die schon stehen, und ihre
metallenen Aufsätze haben, erfoderte viele Mühe und
Unkosten. Dieses bin ich bei dem Schloßthurne zu
Düsseldorf, und dem Thurne der katholischen Kirche
zu

---

stangen in stumpfe, gethan hat, ist eine Sache, die dem
Zwecke der Wetterstangen, als welche die erhabensten Kör=
per auf einem Gebäude seyn sollen, um den Blitz zuerst
aufzufangen (59 §), schnurgerade entgegen gesetzet ist.
Auf gedachtem Pallaste insonderheit sind die Schornsteine,
welche die kugelförmigen Ende der Wetterstangen decken, in
offenbarer Gefahr, zerschmettert zu werden (70 §).

zu Nierstein, gewahr worden, wo ich die eisernen
Kreuze abnehmen, bohren, mit Spitzen versehen,
und wieder aufsetzen ließ. Seitdem habe ich mich
bei alten Thürnen immer mit stumpfen Wetterstangen, wozu mir ihre metallenen Aufsätze dieneten,
begnüget. Doch habe ich bei Bewafnung der Reinolduskirche zu Dortmund (62 §) nebst diesem noch
vier spitzige Stangen, von 5 Schuhen in der Länge,
an den Pfosten der Laterne des Thurnes, wo der
Blitz vorher immer einschlug, nach den vier Weltge-
genden wagerecht befestigen a), und sowol unter sich
als mit dem von dem metallenen Aufsatze des Thurnes herablaufenden Ableiter verbinden lassen.

85 §. Den Wetterstangen haben wir bisher ihren
Platz überall auf den Gebäuden selbst angewiesen.
Sie können aber auch, nach dem Vorschlage des
Herrn Franklin, auf starke, neben dem Gebäude
errichtete Maste gesetzet werden, die aber natürli-
cherweise von solcher Länge seyn müssen, daß die
Wetterstangen merklich über das Gebäude hinaus ra-
gen (58. 59 §). Bei hohen Gebäuden fällt diese
Anstalt von sich selbst weg, indem sich keine Maste
von gehöriger Länge dazu wohl finden oder anbrin-

gen

---

a) Diese Befestigung geschieht am vortheilhaftesten durch eiserne, mit Gewinden versehene Kloben (11 Fig.). Sie
werden mit Beihülfe ihres Ansatzes m fest eingeschlagen,
und dann werden die Stangen darauf geschraubet. Wollte
man diese Stangen mit besagtem Kloben von einem Stücke
machen, und so einschlagen, so würden sich ihre kupferne
Spitzen (73 §) loswinden, oder stark biegen.

gen laſſen. Bei niedrigen Gebäuden iſt ſie eher an=
wendbar, wie ich denn ſelbſt bei den Pulverthürnen
zu Heidelberg Gebrauch davon gemacht habe *),
welches auch einige andere Naturforſcher ſowol bei
dergleichen als andern Gebäuden gethan haben.
Allein die Sache iſt bei Errichtung und Befeſtigung
ſo hoher und ſchwerer Maſte immer mit großen Schwie=
rigkeiten verbunden. Und wenn dieſe auch mit der
beſten Ableitung daſtehen, ſo dünket mich doch die
gewünſchte Sicherheit noch lang nicht erreichet zu
ſeyn. Zwei Beiſpiele von Gebäuden, die mit ſol=
chen auf Maſten oder Bäumen angelegten Leitern
verſehen, und dennoch vom Strahle getroffen und
beſchädiget worden ſind, machen die Sache ſehr be=
denklich. Das erſte iſt von dem Pallaſte des Fürſten
Eſterhaſi in Ungern b), das andere von dem Hauſ=
ſe

---

*) IV. phiſikal. Band der kurpfälz. Akad. der Wiſſenſchaften 77 S.
b) Dieſer Pallaſt liegt auf einer großen Ebene. Herr Hell,
kaiſerlicher Sternſeher, hat auf eben dieſer Ebene gegen
Mitternacht, Morgen und Abend, drei Wetterleiter errich=
tet, welche ohngefähr 1000 Schritte vom Pallaſte abſtun=
den. Auf der mittägigen Seite ſtößt der Pallaſt an einem
ſehr geräumigen Garten, in welchem ſich eine mit Schin=
deln gedeckter Thurn befindet, der mit einem großen kupfer=
nen Waſſerbehälter, und auf der Spiße mit einem Knopfe
von Eiſenbleche verſehen iſt. Auf dieſen Knopf fiel bei ei=
nem entſtandenen Wetter der Strahl, that von dannen ei=
nen Sprung, in welchem er einige Schindeln wegſchlug,
auf beſagten Behälter, und gieng durch die damit verbun=
dene Waſſerröhre, ohne weitern Schaden, in die Erde
hinunter *).

se des Herrn von Sauſſüre zu Fonteney c). Freilich waren die Wetterſtangen in Ungern ſehr weit
vom Pallaſte entfernet, und die zu Fonteney mit
Aeſten überwachſen, welches an beiden Orten ein
Fehler war; allein wenn dieſer auch nicht geweſen
wäre, ſo·wäre es doch noch immer leicht möglich geweſen, daß eine vorbeiziehende Wetterwolke die auf
den Gebäuden befindlichen Metalle, Schornſteine,
oder andere Theile, mit ihren Dunſtkreiſen, die oft
ſo ſehr ausgebreitet ſind, und ſo tief herab hangen
(53 §), berühret, und ihr Feuer bei gehöriger Annäherung darauf ausgegoſſen hätte. Soll alſo ein
Gebäud vermittelſt ſolcher, auf Maſten errichteter
Leiter geſchützet werden, ſo darf es erſtlich kein ſolches

---

c) Dieſer berühmte Gelehrte hat, zur Bewahrung ſeines vät-
terlichen Landhauſes zu gedachtem Fonteney, auf einem
hohen Baume, der mit ſeinem Gipfel weit über das Dach
emporragte, und demſelben ſo nahe war, daß er mit ſeinen
Aeſten einen Theil davon bedeckte, einen Wetterleiter errichtet. Die Aeſte des Baumes wuchſen unvermerkt ſo
ſtark, daß endlich einige davon der Spitze der Wetterſtange
gleich, andere gar höher als dieſelbe, waren. Bei einem
ungemein ſtarken Wetter ſchlug der Blitz auf den ohngefähr
100 Schuhe vom Wetterleiter entfernten Küchenſchorn-
ſtein, that aber weiter keinen Schaden **).

*) Ausgezogen aus einem Schreiben, welches Herr Abt
Maro von Wien den 25 Aerntemonat 1777 an mich er-
laſſen hat.

**) S. Schreiben des Herrn von Sauſſüre in des Ritters
Landriani diſſertazione dell' utilità dei conduttori elettrici a. d. 100 S.

ches seyn, das mit Schornsteinen, oder andern
merklich emporstehenden Theilen versehen ist, wes
wegen alle Wohnhäuser, nebst vielen andern Gebäu
den, des Schutzes dieser Art unfähig sind. Zwei
tens müßte man alle Metalle, bie von einiger Be
trächtlichkeit sind, von diesem Gebäude wegschaffen,
wie ich an den Pulverthürnen zu Heidelberg habe
thun lassen. Allein bei allem dem ist die Sicherheit
noch nicht so vollkommen, als wenn die Wetterstan
gen auf dem Gebäude selbst stehen, und mit dem
übrigen Nöthigen vergesellschaftet sind. Deswegen
habe ich auch hernach bei Bewafnung der Pulver
thürne zu Mannheim, Düsseldorf und Gülich, keine
Maste mehr gebrauchet.

Mittler Theil des Wetterleiters.

86 §. Diesen Theil nennt man füglich den Ab
leiter, weil er den Blitz, den die Wetterstange auf
gefangen hat, hinunter nach der Erde, folglich vom
Gebäude ab oder wegleitet (67 §). Man nimmt ei
nen dicken metallenen Drath dazu, verbindet ihn ge
hörig, sowol mit der Wetterstange, als in seinen
Theilen, führet ihn am Gebäude schicklich herunter,
befestiget ihn hie und da mit Kloben, bewahret ihn
vor dem Roste, wenn er diesem unterworfen ist, und
decket sein unteres End mit einem Kasten. Da sind
alle die Stücke, die bei dem Ableiter zu beobachten
sind, kurz beisammen. Es erfodert aber jedes ins
besondere seine Anmerkungen und Beleuchtung.

87 §.

87 §. Wiewol ein Metall besser leitet als das andere (12 §): so haben sie doch alle eine hinlänglich leitende Kraft. Daher ist es im Grunde der Sache eins, was man für Metall zum Ableiter brauchet. Doch ist das Eisen, theils wegen seines geringen Preises, theils wegen seiner Stärke, den übrigen vorzuziehen. Man nimmt also am besten eiserne Stangen oder Ruthen dazu. Ihre Gestalt kann rund oder eckig seyn. Dieser Unterschied hat nichts Wesentliches d).

88 §.

***

d) Einige schlagen, anstatt dieser Ruthen, Streife von Kupfer, Blei, oder verzinntem Eisenbleche vor. Diese Streife haben nun freilich den Vortheil, daß der Gewitterstoff sich besser darüber ausbreiten kann, und daher etwas mehr Freiheit in seinem Laufe findet (7 §); allein sie können auch durch stürmische Winde, oder aus Unvorsichtigkeit, Muthwillen, oder Habsucht der Leute leicht getrennet oder losgerissen werden. Ich bewafnete vor einigen Jahren ein herrschaftliches Landhaus wider den Blitz, und brachte den metallenen Aufsatz eines Thürnchens, wo es zuvor eingeschlagen hatte, vermittelst eines herabgeführten Bleistreifes mit dem Hauptleiter in Verbindung. Das folgende Frühjahr war, aller gegebenen Warnung, auf diese Verbindung Acht zu haben, ungeachtet, ein Stück dieses Streifes von einigen Schuhen in der Länge fort. Nach angestellter Untersuchung fand man, daß es der Schieferdecker zu was anders gebraucht hatte. An einem andern Orte konnten die Bleistreife, womit die Dachgräte eines tief liegenden Pulverbehälters gedeckt waren, niemal erhalten werden, so, daß man endlich genöthiget war, schlechtes Eisenblech dafür aufzulegen. Die Schildwachen machten sie mit ihren

E   auf-

88 §. Die nöthige Dicke der eisernen Ableitungsruthen muß uns die Erfahrung lehren: denn durch Meinungen und Gutbünken läßt sie sich nicht bestimmen. Nun hat man bei allen je gemachten Beobachtungen niemal ein Beispiel gefunden, daß der Blitz einen metallenen Drath, der die Dicke einer Schreibfeder gehabt hat, wenn er auch mit der Erde nicht verbunden gewesen ist, zerschmelzt oder zerstäubt hätte. Er hat freilich oft auch dickere Metalle angesschmelzet, oder sonst beschädigt, aber nur da, wo er einen Sprung auf sie hin, oder von ihnen weg gemacht hat (13 §). Wie viel weniger wird also der Strahl im Stande seyn, einen mit der Erde gehörig in Verbindung stehenden Drath von besagter Dicke zu schmelzen oder zu zerstören. Man könnte also versichert seyn, daß die Dicke einer Schreibfeder für den Ableiter hinlänglich sey. Doch um den Durchgang des himmlischen Feuers zu erleichtern, weiset man ihm lieber eine etwas geräumigere Bahn an,

und

---

aufgesteckten Stecheisen (Bajonetten) selbst los, um sich Geld für einen Trunk daraus zu machen. Würden sie nicht eben das gethan haben, wenn der Ableiter, den ich hernach daselbst angeleget habe, aus solchem Metalle bestanden hätte? Man darf also diese Streife nirgendswo gebrauchen, als wo man versichert ist, daß sie auser aller Gefahr sind, losgemacht, getrennt, oder zerrissen zu werden. — Die Flechten von Messing oder Kupferdräthen, die einige zu dem Ableiter anrathen, lassen sich am Gebäude leicht biegen, welches ein Vortheil ist, hingegen sind sie nicht wohlfeil, und die Verbindung ihrer Theile ist Schwierigkeiten unterworfen, wie wir unten sehen werden.

und giebt dem Ableiter 5 bis 6 französische Linien im Durchmesser, das ist, ohngefähr die Dicke einer Vorhangstange, oder einer gewöhnlichen Sigellackstange e). Und diese leztere ist auch auf Pulverthürnen sicher, wiewol man hier meistentheils etwas Uebriges thut, und den Ableiter noch dicker macht. Doch ihm mehr als die Dicke eines Zolles zu geben, ist überflüßig. Ihn aber auch dünner als solche Sigellackstange zu machen, ist für diese häcklichen Gebäude nicht rathsam. Für die übrigen gemeinen Gebäude brauchet man so genau nicht zu seyn. Für diese kann man auch sogenanntes Nagelschmiedeisen, geschnittenes oder gezahntes, nehmen, welches zwar etwas weniger als die obige Dicke, aber auch den Vortheil hat, daß es sich ganz gemächlich biegen läßt. Nur muß man sorgen, daß es durchaus ganz und gesund sey. Die schiferigen (blätterichten) und zu schwachen Theile läßt man heraus hauen, und das Uebrige wider wohl zusammen schweißen f).

E 2 Die

e) Wer Metallstreife dafür brauchen will, der machet sie ohngefähr 4 Zolle, das ist, eine starke Handbreit.

f) Hierinn sind die Schmide oft sehr nachläßig, und suchen nicht nur die kranken Theile der eisernen Stangen nicht fleissig auf, sondern machen auch nicht selten einen schlechten Schweiß, so, daß das Eisen daselbst sehr gern bricht, oder schon halb entzwei ist, ehe es auf das Dach komnt. Daher muß derjenige, der die Aufsicht über die Bewafnung des Gebäudes hat, in diesem Stücke scharf nachsehen, und dem Schiferdecker, der den Ableiter anleget, nachdrücklich anbefehlen, daß er alle Stangen, die er schadhaft findet, oder die es auch unter seiner Hand erst werden, ohne Nachsicht wegwerfe, wenn es ihrer auch noch so viele wären.

Dieses Eisen habe ich auf verschiedenen Häusern, wie auch auf dem kurfürstlichen Schlosse zu Nimfenburg gebrauchet. Unter die Dicke einer Schreibfeder bei dem Ableiter herunter gehen wollen, wäre verwegen, indem der Blitz solche dünne Leiter, als Uhrdrähte, Schellendrähte u. d. gl., nur gar zu oft zerstöret hat, wovon es unnöthig wäre, Beispiele anzuführen. Und das war der Hauptfehler an dem oben (66 §) erwähnten Wetterleiter des Herrn Raven g).

89 §.

g) Die eiserne Auffangstange dieses Wetterleiters war am Schornsteine befestiget, ragete über denselben hinaus, und war oben mit Spitzen versehen. Der mit dieser Stange verbundene Ableiter bestund in einem dünnen messingenen Drathe, welcher am Hause herab lief, und unten an eine andere, in die Erde versenkte eiserne Stange befestiget war. Zu ebener Erde stund eine Flinte an dem Heerde wider die Mauer ohngefähr an eben dem Orte angelehnet, wo der Ableiter auswärts vorbei gieng. Der Blitz fiel auf die Wetterstange, verfolgete den Drath, zerschmelzete ihn aber völlig bis an den Ort, wo inwendig der Flintenlauf anlag. Da trennete sich nämlich ein Zweig des Strahles, durchbohrte die Mauer, ergriff den Lauf der Flinte, lief ihm nach, beschädigte den Kolben, und zersprengte einige Backsteine des Heerdes. Sonst geschah dem Hause kein Schaden, obwohl es vorhin vom Blitze schon getroffen, und sehr übel zugerichtet worden war. Auch blieb der Drath unter dem durch die Mauer geschlagenen Loche ganz unversehrt, indem er für den noch übrigen Ast des Strahles, der ihn durchströmete, stark genug war *). So unvollkommen nun dieser Ableiter auch gewesen ist, so sieht man doch augenscheinlich, daß er dem Hause vortreffliche Dienste gethan hat.

*) Oeuvres de M. Franklin, T. I. P. 233.

89 §. Um den Ableiter mit der Wetterstange zu verbinden, giebt man der ersten, zu demselben gehörigen eisernen Ruthe an einem Ende die Gestalt eines Ohres oder Ringes F (12 Fig.), und bieget sie in einiger Entfernung darunter in einen Winkel K (96 §). Dieses Ohr leget man auf das Loch M (6 und 7 Fig.), welches, dieser Verbindung wegen, 3 bis 4 Zolle über den Federn durch die Wetterstange geschlagen worden ist, stecket eine starke Schraube mit einem platten Kopfe (wie in der 9 Fig.) durch, und leget auf der andern Seite eine Mutter vor, die fest angezogen wird. Damit aber der Donnerstoff bei seinem Uebergange aus der Wetterstange in die Ruthe keine Hinderniß finde, so muß diese an jene dicht anschließen, zu welchem Ende man einen starken Bleiring zwischen beide leget. Ist die Wetterstange an eine Helmstange so befestiget, daß die Federn ganz über das Dach erhoben sind (75 §), so kann die Ableitungsruthe auf die jezt beschriebene Weise auch an das Ende einer Feder S (6 Fig.) geschraubt werden, welches deswegen gelocht und umgebogen wird. Auf neuen Thürnen, wo man die eisernen Kreuze oder Fahnenstangen zu Wetterstangen zurichtet (76 §), lochet man das untere Ende dieser Aufsätze, wie bei den Wetterstangen selbst, um den Ableiter allda anzuschrauben. Auf alten Thürnen aber, wo dieses Lochen der metallenen Aufsätze, deren man sich zu Wetterstangen bedienen will, nicht wohl angeht (84 §), muß man die Verbindung des Ableiters auf eine andere schickliche Art bewerkstelli-

E 3   gen.

gen. Zu dem Ende umfasset man die, mit dem Auf=
satze in Verbindung stehende metallene Bekleidung
der Helmstange unter dem Thurnknopfe mit einem
starken, 4 bis 5 Zolle breiten, und mit einem Ge=
werbe versehenen kupfernen Ringe N L (13 Fig.),
dessen innere obere Hälfte, womit er an den dünnern
Theil der Helmstange anzuliegen kommt, mit Blei
beleget wird, damit sie genau schließe. Seine bei=
den Lappen L werden doppelt gelocht, das breit ge=
schmiedete, und ebenfalls gelochte Ende R der Ablei=
tungsruthe wird dazwischen gesteckt, mit Blei auf
beiden Seiten unterleget, und mit zwei starken
Schrauben und Müttern befestiget. Man kann die=
sen Ring auch von Eisen machen, und die Ableitungs=
ruthe Z (14 Fig.) gleich an einen seiner beiden Lap=
pen anschweißen. Diese Lappen werden durch
Schrauben, wie oben, mit einander verbunden.
Wenn man glaubet, daß die Metallstreife hier außer
Gefahr der Trennung seyen (87 §. d), so kann man
einen Blei= oder Kupferstreif von der oben (88 §. e)
angezeigten Breite an besagte Bekleidung der Helm=
stange schrauben. Ist schon einer oder mehrere der=
gleichen, von dieser Bekleidung ungetrennt herab
laufender Streif vorhanden, so kann man mit dem
übrigen Ableiter an dem untern Ende eines dieser
Streife anfangen. An den Dächern, Krahnenschnä=
beln u. d. gl., die ganz mit Metalle gedecket sind,
wird der Ableiter niemal anderswo, als an dem un=
tern Ende dieser Decken befestiget (83 §). Nur
muß man diese Befestigung so stark und schließend
ma=

machen, als es möglich ist. Hiezu lasse ich immer
einen breiten Lappen an das Ende der eisernen Ableitungsruthe schweißen, die Ruthe selbst aber gleich
unter demselben etwas stauchen, und dann den Lappen an die Metalldecke mit zwei Schrauben, auch
bleiernen Unterlagen, wenn diese nöthig sind, fest
machen. Auf diese Weise habe ich den Ableiter an
dem Kirchthurne zu St. Blaß im Schwarzwalde, und
an dem Thurne der Mariakirche zu Dortmund, die
beide mit Metalle gedeckt sind, befestigen lassen h).

C 4　　　90 §.

h) Will man einen Metallstreif mit der Wetterstange unmittelbar verbinden, so bieget man dessen End F C (15 Fig.)
um, schlinget es um die Stange, füttert es mit Blei,
wenn der Streif nicht selbst von Blei ist, ziehet es fest an,
und schließet es in C mit ein paar Schrauben. Ist der Streif
von Blei, so wird der Ring F C mit dem Hammer überall
genau an die Stange angeschlagen, ehe er zugeschraubt wird.
In C wird immer eine bleierne Unterlage gebraucht, der
Streif mag von einem Metalle seyn, von welchem er will.——
Um eine messingene oder kupferne Drathflechte unmittelbar
mit der Wetterstange zu verbinden, bieget man ihr Ende,
ohngefähr wie in der 15ten Figur, um, und lötet es mit
Silberschlaglote in C zusammen. Dann leget man die Oef-
nung dieses Schlupfes auf das Loch M der Wetterstange
(6 und 7 Fig.), und machet die Befestigung durch eine
Schraube, wie im 89 § gezeiget worden. Damit sich aber
die Flechte besser an die Wetterstange anlege, so kann man
diese an dem Loche M etwas flach machen. Die mittelbare
Verbindung dieser Flechte kann dadurch geschehen, daß man
ihr Ende an den rinneförmig umgebogenen Arm D des Me-

tall-

90 §. Weil der Ableiter der eigentliche Kanal ist, der den Blitz nach dem gemeinen Elektrizitätsbehälter hinführen soll (58 §): so ist derselbe so einzurichten, daß dieser so schnelle und heftige Feuerstrom auf seinem Wege nicht gehemmet, und dadurch veranlasset werde, Gewalt auszuüben. Es wäre daher gut, wenn der ganze Ableiter nur aus einem Stücke bestünde. Weil aber dieses nicht wohl möglich ist, so müssen seine Theile sehr genau und fest mit einander verbunden werden: genau, durch eine hinlängliche Berührung, damit der Blitz sich nicht ins Enge zusammen ziehen, und ein Theil davon durch die Luft überspringen müsse, welches immer mit Gefahr der Zerstörung verbunden ist (13. 88 §); fest, damit dieses Feuer bei seinem Uebergange von einem Theile zum andern dieselben, in einem oder dem andern Falle, nicht trenne. Dieses zu bewerkstelligen lasse ich die Ende der eisernen Ruthen B D (16 Fig.) stauchen, dann plätten (breit und platt machen), mit Löchern von gleichem Abstande versehen, mit einem dazwischen gelegten, ebenmäßig gelochten Bleiblättchen G füttern, und vermittelst zweier Schrauben mit einander verbinden, deren Mütter durch einen besonders dazu verfertigten Schlüssel so stark angezogen werden, als es möglich ist, welches durch einige auf den Schraubenkopf gegebene Hammerstreiche beför-

---

tallstreifes F C (15 Fig.) anlöte. Durch dieses Mittel kann sie auch mit jedem andern Metalle, wo man will, verbunden werden.

förbert wird. Die einzelnen Ruthen werden 16 bis
20 Schuhe lang gemacht. Bei einer merklich größern
Länge würden sie auf dem Gebäude nicht wohl regie=
ret werden können i).

91 §. Der oben erwähnte Fehler einer übelen
Verbindung der Theile des Ableiters wird allemal be=
gangen, wenn dieselben an ihren Enden blos umge=
bogen, und wie Hacken oder kettengleiche in einan=
der gehenket werden. Denn in diesem Falle geschieht
die Berührung nur in wenigen Punkten, woburch
der Strahl gezeigtermaßen gebrängt, und in seinem

E 5   Lau=

i) Eben die Sorgfalt der gehörigen Verbindung ist auch zu
beobachten, wenn man die Metalle, die sich bisweilen eine
gute Strecke lang, von hinlänglicher Dicke oder Geräumig=
keit, auf dem Wege des Ableiters befinden, z. B. metalle=
ne Bedeckungen der Fürst oder der Gräte, Regenröhren
u. d. gl., als Theile des Ableiters brauchen will, in wel=
chem Falle man die Ableitungsruthen an die Ende dieser
Metalle ebenfals durch Schrauben anschließet. Indessen
muß ich hier wiederholen, was ich schon oben (87 §. d)
erinnert habe, daß man sich auf die Dauer des Zusammen=
hanges der jetzt genannten metallenen Bedeckungen nicht im=
mer verlassen könne, weswegen ich auch die Ableitungsru=
then über dieselben, so oft sie mir vorkommen, herlaufen
lasse, als wenn sie nicht da wären. Mehr Sicherheit ver=
sprechen die Regenröhren in Ansehung ihrer Dauer. Al=
lein da dieselben bisweilen Ausbesserungen nöthig haben, so
müßte man in Sorge stehen, die Stücke, die man dabei
heraus nimmt, möchten einmal gar nicht, oder wenigstens
nicht gehörig, mehr eingesetzet werden. Daher führe ich
die Ableitungsruthen auch bei diesen Röhren vorbei, und
bringe sie mit denselben blos in Gemeinschaft.

Laufe gestöret wird.   Der Wetterleiter des Herrn
Maine (66 §) war mit diesem Fehler, nebst
andern, behaftet k).   Ist es doch nothwendig,
die Verbindung der Ruthen durch Gelenke zu ma=
chen, wie z. B. an den Schiffen, wo der Ableiter,
der Bequemlichkeit wegen, durchgehends beweglich
ist

---

k) Die Wetterstange, auf deren oberes Ende eine ohngefähr 3/4
Zoll im Gevierten haltende Mutter mit mehrern Spitzen
geschraubet war, erhob sich 6 bis 7 Zolle über den Schorn=
stein, an dem sie befestiget war. Die eisernen, über 1/2
Zoll dicken Ruthen, woraus der Ableiter bestund, waren
an ihren Enden hackenförmig umgebogen, und in ein=
ander gehenkt, und durch eiserne Kloben am Gebäude be=
festiget. Die unterste Ruthe war drei Schuhe tief senk=
recht in die Erde gesteckt. Der Strahl traf die Wetter=
stange, warf die Mutter mit ihren Spitzen ab, so, daß
nichts mehr davon zu finden war, schmelzte die Stange
unter der Mutter an, folgte dem Ableiter nach, riß fast
alle Kloben aus, trennte die Hacken, und schmelzte sie an
der innern Fläche an, woran sie sich berührten. Das Ge=
bäud ward auf dem ganzen Wege, wo der Ableiter herunter
lief, nicht im geringsten beschädiget, außer da, wo dieser
in die Erde gieng: denn da wurde der Grund des Schorn=
steines zerrissen, und mehrere Backsteine wurden allda aus=
gesprengt. Auch wurde die Erde daselbst, besonders um den
Ableiter herum, beträchtlich aufgewühlet u. f. w. *). Das
Herausreissen der Kloben, das Trennen und Anschmelzen
der Hacken, beweisen den großen Widerstand, den der Blitz
bei seinem Durchgange durch diesen Ableiter gefunden hat.
Die bei dem Uebergange des Strahles in die Erde verur=
sachten Beschädigungen waren Folgen eines andern Fehlers
des Wetterleiters, von dem wir unten reden werden.

*) Oeuvres de M. Franklin, T. I. p. 235.

ist 1), so versehe man diese Gelenke mit guten Gewerbern, als durch welche eine weit größere Berührung erhalten wird m).

92 §.

---

1) Dieser bewegliche Ableiter bestehet in einer messingenen Kette, deren Glieder oder Ruthen ohngefähr 2 Schuhe lang
sind. Die oberste Ruthe ist gespizet, und dienet zur Auffangstange. Die Kette lieget zusammengeleget in einem
Kasten, bis man sie brauchet. Dann wird sie vermittelst
einer, am obern Ende der Maststange befestigten Rolle so
aufgezogen, daß ihre Spize über den Mastbaum merklich
hervorrage.

m) Bestehet der Ableiter aus Metallstreifen, so werden diese
an ihren Enden gefalzet, in einander gelegt, und vernietet.
Wo die gefalzten Theile durch Nägel am Gebäude befestiget
werden, da brauchet es keines Vernietens. Das Zusammenlöten, in Gesellschaft des Vernietens oder Annagelns,
giebt mehr Berührung und Dauer, aber ganz nothwendig
ist es nicht. Bleierne Streife werden nur einfach, kupferne u. s. w. doppelt gefalzet. — Wie wird man aber die
Theile der messingenen oder kupfernen Drathflechten mit einander verbinden? Ihre Ende aufeinander legen, und mit
Drathe umwickeln, oder mit andern Reifen umschließen,
wäre für die Gewalt eines starken Stromes des himmlischen Feuers zu schwach. Die Dräthe an ihren Enden um-
biegen, paarweise in einander henken, und auf beiden Seiten wieder zudrehen, hieße den jezt genannten Fehler des
maineischen Ableiters wiederholen. Es bleibt also nichts
als das Zusammenlöten übrig. Weil hiezu aber Silber-
schlaglot, und folglich ein starkes Feuer nöthig ist: so kann
es auf dem Gebäude selbst nicht geschehen. Es muß also
in der Werkstatt an allen Theilen vorgenommen, der ganze
Ableiter daselbst von einem Stücke verfertiget, und daher

das

92 §. Da der Gewitterstoff auch in dem besten
Leiter noch immer einigen Widerstand findet (12 §):
so ist zu Verminderung desselben bei Anlegung des
Ableiters der kürzere Weg dem längern, wenn sonst
die Umstände gleich sind, vorzuziehen. Doch hierin
liegt nichts Wesentliches, indem der Blitz einem
wohleingerichteten, mit der Erde genau verbundenen
metallenen Leiter, so lang er auch immer seyn mag,
durch alle Richtungen, Wendungen und Krümmungen, vorzüglich folget (12 §). Er folget ihm aber
auch, ohne die umliegenden Körper zu ergreiffen oder
zu beschädigen, wenn diese nicht selbst ein Zweig einer ungehinderten Leitung nach der Erde sind (13.
54. IX. 64 §. q). Man kann daher den Ableiter
an

---

das Maas davon am Gebäude zuvor genau genommen werden, damit man denselben nicht etwann zu kurz mache, in
welchem Falle es nöthig wäre, ihn ganz los zu machen,
und in die Werkstatt zurück zu bringen, um ein neues
Stück daran zu löten. Dieses Maasnehmen ist aber wegen der vielen Krümmungen, die man dem Ableiter an
den Schornsteinen, Gesimsen u. s. w. geben muß, eine
Sache, die nicht leicht ist. Man wird also am Maase
immer etwas merkliches zugeben, und den Ueberschuß am
Ende der Arbeit mit Verluste abhauen müssen. Ich geschweige hiebei, wie schleppend und mühsam es sey, solchen Ableiter, sonderlich, wenn er von einer beträchtlichen
Länge, und folglich von einem nicht geringen Gewichte ist,
auf dem Gebäude fortzubringen, und anzulegen. Was
hier von den Drathstechten gesaget worden ist, das gilt
auch von den kupfernen und messingenen Streifen, wenn
diese zusammen gelötet werden sollten.

an dem bequemsten Orte des Gebäudes, dieser sey,
wer und wo er wolle, ausserhalb oder innerhalb,
frey oder eingeschlossen, nahe an Thüren und Fen=
stern, über Stein oder Holz, an den verbrennlich=
sten Körpern vorbei, zur Erde herunter führen.
Man müßte die Eigenschaften eines guten Leiters
mißkennen, oder noch zu schüchtern seyn, ihrem un=
trüglichen Lichte mit festem Tritte zu folgen, wenn
man nicht allen diesen Behauptungen beipflichten
wollte. Doch müssen wir einige derselben erläutern.

93 §. Erstlich also erfodern bisweilen die Um=
stände, daß man den Ableiter innerhalb des Gebäu=
des, ganz oder zum Theile, herabführe; und dann
kann man sich nach diesen Umständen ohne Anstand
fügen, so, wie man bei dem Ableiter der Markus=
kirche zu Venedig, des Thurnes auf dem großen
Platze zu Siena, des Leuchtthurnes zu Eddystone
unweit Plymouth u. a. m. wirklich gethan hat. So
habe ich auch den Ableiter, der mich bei meinem
Wolkenelektrizitätsmesser (54 §) in Sicherheit setzet,
an der innern Wand eines Zimmers vorbei, und
zwischen verschiedenen verbrennlichen Sachen durch=
geführet. Es ist nicht zu fürchten, das Durchfahren
des Wetterschlages durch solchen innern Ableiter
möchte Rauch, Dampf und Schrecken im Gebäude
verursachen: denn dergleichen Dinge haben ohne
Platzung, folglich ohne Trennung oder sonst einen
Mangel des Ableiters, niemals statt (13 §). Doch
ist es nicht rathsam, daß man den Ableiter an einem
Pulverthurne inwendig, sonderlich da, wo Pulver
ver=

verstreuet werden kann, herunter gehen lasse, nicht
als wenn wirkliche Gefahr dabei wäre, so lang er
im gehörigen Stande bleibet, nein, um deswillen
gewiß nicht (54 §. IX), sondern weil es möglich ist,
daß auf diese oder jene Weise einige Trennung dar=
an geschehe, in welchem Falle auch das kleinste Fünk=
lein, das bei dem Durchströmen des Blitzes entstehen
könnte, mit der grösten Gefahr verbunden wäre; an
solchen Gebäuden aber muß man aller Gefahr, auch
wenn sie in ziemlich entfernten Gränzen der Mög=
lichkeit liegen sollte, vorbiegen. So unschädlich ein
innrer Ableiter an den übrigen Gebäuden ist, so
hat der äußere doch einige Vortheile, wegen welcher
ich ihn jenem bei sonst gleichen Umständen immer
vorziehe. Der erste dieser Vortheile ist, daß sich die
Metalle, die sich außen am Gebäude befinden, leich=
ter mit dem äußern Ableiter verbinden lassen (68 §);
der zweite, daß dieser Ableiter an den höhern Thei=
len des Gebäudes bisweilen auch zum Auffangen
des Blitzes dienen könne.

94 §. Zweitens kann man den Ableiter aus den
obigen Gründen zwar kühn einmauern, oder auf
eine andere Weise einschließen, oder bedecken, doch
müste dieses an jenen Orten nicht geschehen, wo der
Blitz, noch bei seinem ersten Ausbruche, darauf fal=
len könnte, als z. B. an den obern Theilen eines
Thurnes, oder sonst eines erhabenen, oder frei lie=
genden Gebäudes: denn in diesem Falle würde der
Strahl die Hülle oder Decke des Ableiters leicht zer=
reissen (13 §). Eben dieses ist auch von den mit
dem

dem Ableiter verbundenen Metallen zu verstehen. Dieser Ursache ist der berufene Wetterschlag an dem Versammlungshause zu Purfleet (66 §) hauptsächlich zuzuschreiben n).

95 §.

n) Dieses Haus gehöret zu den fünf großen, allda nahe beisammen stehenden Pulverbehältnissen, und liegt nicht gar weit davon an dem Hange eines Hügels. Um das ganze Dach desselben geht eine Mauer als eine Brustwehre herum, deren Haussteine durch eiserne Klammern an einander gefüget sind. An der innern Seite dieser Brustwehre läuft eine bleierne Rinne rings herum, und aus dieser geht eine Bleiröhre zur Abführung des Wassers bis in die Erde herunter. Im Jahre 1772 wurde eine spitzige Wetterstange (deren Spitze jedoch wider die gegebene Vorschrift ziemlich stumpf gemacht worden war) mitten auf die Fürst gesetzet, und mit gedachter Rinne und Röhre in Gemeinschaft gebracht. Den 15 Wonnemonat des Jahres 1777 kam eine tiefgehende, vom Hügel stark angezogene Wetterwolke von Nordost, stieß mit ihrem Dunstkreise, ehe sie die Wetterstange erreichete, an die Brustwehre, schüttete ihr Feuer auf eine der gedachten eisernen Klammern, die sich am Ecke der Brustwehre nach eben dieser Gegend befand, und 46 Schuhe von der Wetterstange entfernt war. Dieses Feuer schmetterte einen Stein, sprang auf die genannte, 7 Zolle davon entfernte Bleirinne, und gieng von hier durch den übrigen Leiter glücklich in die Erde über *). Das war der ganze Schaden, den der Blitz hier verursachet hat, und von dem es kaum der Mühe werth ist zu reden, ob man schon so viel Lärmen darüber gemacht hat. Indessen ist derselbe nicht sowol von der unverbundenen Klammer, als von der

*) Journal de l'abbé Rozier tom 10, p. 137.

95 §. Drittens darf der Ableiter an eben den Orten, wo der Blitz sich unmittelbar darauf werfen könnte; nicht zwischen oder hinter verbrennlichen Körpern herab laufen, weil dieselben in Gefahr wären, von dem einfallenden Strahle gestreift und entzündet zu werden. Hat man daher einen Ableiter über ein Strohdach herunter zu führen, so muß man denselben, vermittelst langer eiserner Kloben, oder anderer Stützen, diesen ganzen Weg durch über dem Strohe erhaben erhalten. Einer Unterlage, z. B. von Diehlen, bedarf er alsdann nicht. An andern Orten, wo das unmittelbare Einfallen des Blitzes auf den Ableiter nicht zu fürchten ist, brauchet man ihn von keinem entzündbaren Körper zu entfernen. So habe ich z. B. an den, mit Ziegeldächern gedeckten,

ten,

---

der durch die Brustwehre gedeckten, und mit dem Ableiter verbundenen Bleirinne hergekommen. Die Klammer hat den Schlag zwar befördert, dieser würde aber doch geschehen seyn, wenn die Brustwehre auch mit keinen Klammern versehen gewesen wären. Haben solche Schläge bei entferntern gedeckten Metallen statt, von denen der Strahl erst auf den Ableiter springen muß (120 §. a), wie viel eher werden sie sich bei einem nur 7 Zolle weit entfernten beträchtlichen metallenen Körper eräugnen, der wegen seiner Gemeinschaft mit dem Ableiter vom Blitze viel begieriger ergriffen wird (18 §). Hätte man von der gedachten Bleirinne hier und da eine eiserne Ruthe über die Brustwehre herauf geführet, und etwas hervorstehen lassen, so hätte die Rinne mittelst derselben frei gelegen, und dadurch wäre aller Gefahr, auch ohne die Verbindung der Klammern, vorgebogen gewesen.

ten, fonft an allen Seiten offenen, oder wandlofen herzoglichen Heuscheuern auf dem Karlsberge, die Ableiter an den hölzernen Eckpfoften mitten zwifchen den Heubüfchen, die da herum hangen, herab gehen laffen.

96 §. An den Gebäuden, wo man den Ableiter außerhalb anleget (93 §), führet man ihn, wenn es fich leicht thun läßt, an der Wetterfeite, und zwar über den Dachgrat und am Ecke diefer Seite, herunter, weil er da in Auffangung des Strahles, und in Bedeckung diefer fcharfen vorftehenden Theile, einige Dienfte thun kann (70. 93 §). Man mag ihn aber herunter führen, wo man will, fo läßt man ihn, wenn er aus metallenen Ruthen befteht (87 §), überall 3 bis 4 Zolle vom Gebäude abftehen, zu welchem Ende man ihn fowol an der Wetterftange, wenn diefe vorkommt (89 §), als an den Krümmungen des Gebäudes gehörig bieget. Diefer Abftand ift an den obern Theilen des Gebäudes von nicht geringem Nutzen, indem er in dem Falle, daß der Strahl fich allda auf den Ableiter ftürzete, er die umliegenden Körper vor dem Streifen deffelben, und den damit verknüpften Befchädigungen, bewahret. Auf dem Dache fchaffet er auch den Vortheil, daß der Ableiter, wenn ein neuer Ziegel= oder Schiefer= ftein einzufetzen, oder fonft eine Ausbefferung zu machen ift, nicht hindere o). An den untern Theilen

des

---

o) In Anfehung diefer beiden Stücke haben die metallenen Ruthen vor den Streifen einen merklichen Vorzug. Die=

des Gebäudes dienet dieser Abstand zu weiter nichts, als die Gleichheit des Laufes der Leitungsruthen des Wohlstehens wegen, zu erhalten.

97 §. Den jezt genannten Abstand des Ableiters erlangt man am besten durch spizige, mit einer biegsamen Gabel versehene, 7 bis 8 Zolle lange eiserne Kloben M (17 Fig.). Man treibet dieselben in Holz oder Stein bis zur gehörigen Tiefe ein, leget die Ableitungsruthe in die Gabel, und schlägt diese zu. Diese Kloben dienen zugleich zur Befestigung der Ruthen, und werden ohngefähr von 12 zu 12 Schuhen, besonders aber bei jeder merklichen Krümmung, als an den Gesimsen u. d. gl., wiederholet p). Einigen pfleget es bei diesen Kloben bang zu werden, als wenn der Bliz dadurch in das Gebäude dringen könnte. Sie wollen daher den ganzen Ableiter, samt der Wetterstange, durch Pech, Glas und dergleichen Nichtleiter, vom Gebäude abgesondert haben. Es ist kaum der Mühe werth, auf diesen Gedanken zu

ant-

---

se leztern können keinen Abstand haben. Auf dem Dache sind sie nicht nur wegen ihres Aufliegens hinderlich, sondern auch schwer zu befestigen. Ihre Liebhaber schlagen Meßingdrath dazu vor, den man in die Falzen der Streife legen, unter den Ziegel- oder Schiefersteinen durchstecken, und an die Latten anbinden soll. Sie sagen selbst, Streife von Blei oder einfachen Kupferbleche seyen hier zu weich; man müsse sie deswegen aus zusammen gefaltetem Kupferbleche machen.

p) Die Befestigung der Metallstreife geschieht durch starke eiserne Nägel, wo diese angebracht werden können.

antworten, der die Tochter einer bloßen Furcht oder
Unkunde ist.   Der Blitz stürzet sich nur deswegen
auf die Gebäude, um vermittelst derselben in die
Erde und ins Gleichgewicht zu kommen (5. 55 §. 7).
Sein liebster Weg, dahin zu gelangen, sind die Metalle, als die besten Elektrizitätsleiter (12. 59 §).
Ist dieser Weg also geräumig genug, ungetrennt,
und mit der Erde wohl verbunden, wie ein guter
Wetterleiter ist (67. 86 §), so kann ihn der Blitz,
der sich einmal darauf befindet, unmöglich verlassen,
um sich durch tausend Hindernisse, welche ihm Holz,
Steine und andere nichtleitende Theile des Gebäudes entgegen setzen, einen Weg, und zwar nach
eben dem Orte zu bauen, wo jener gemächliche me-
tállene Weg hinführet.   Wäre das nicht wider die
Natur der Leiter, und wider alle Gesetze der Bewegung flüßiger Körper?   Wäre das nicht eben soviel,
als wenn ein Fluß aus Veranlassung einiger Grüb-
chen oder kleinen Seitengänge, die man mit einem
Stabe in sein Ufer machete, sein sanftes ruhiges
Bett verlassen, denn Damm des Ufers durchbrechen
und sich durch Felder, Hügel und Berge eine Bahn
nach dem Meere machen sollte, wohin er in seinem
Bette sonst so leicht und ungehindert gelanget?   Ich
geschweige, daß man nach diesem Vorschlage die so
nothwendige Verbindung der Metalle (68 §) nicht
vornehmen, die schon stehenden Kreuze, und andere
metallene Aufsätze der Thürne nicht für Wetterstangen brauchen (82. 84 §), und an den Gebäuden,
die mit Metalle gedeckt sind, gar keinen Wetterleiter

anle-

anlegen könnte: denn alle diese Metalle sind nicht
abgesondert, und können es auch theils unendlich
schwer, theils gar nicht werden.

98 §. Sobald nun der Ableiter gehörig angeleget ist: wird er, so weit er von Eisen ist, mit der
oben (74§) beschriebenen Oelfarbe angestrichen, um
dem Roste, welcher den davon durchfressenen Theilen der Metalle die leitende Kraft benimmt (11 §),
vorzubiegen. Doch brauchet man hierinn nicht zu
ängstig zu seyn, indem die Erfahrung lehret, daß
ein Eisen von einiger Dicke, wenn es der freien Luft
auch noch so lang ausgesetzet ist, niemal ganz durch-
roste, weil ihm der äußere Ueberzug des Rostes selbst
zum Schutze wider das weitere Einfressen dienet.
Sollten demnach die eisernen Ableitungsruthen, von
der oben (88 §) genannten Dicke einer Siegellak-
stange, an ihrer äußern Fläche durch den Rost auch
etwas verlieren, so wird doch der gesunde Kern immer stark genug zum ableiten bleiben. Doch ist es
auch bei diesen Ruthen rathsam, bei denen aber,
die nicht viel dicker als eine Schreibfeder sind, nothwendig, solchem Verluste vorzukommen.

99 §. Das untere Ende des Ableiters wird, so
bald es mit der Erde in gehöriger Verbindung stehet,
mit einem starken, 8 Schuhe hohen, 5 bis 6 Zolle
breiten, und eben so tiefen hölzernen Kasten gedeckt.
An der Mauer, woran er stehet, ist er offen, oben
aber mit einem schiefen, gehörig eingeschnittenen
Deckel geschlossen. Befindet sich etwann eine Gurte
oder Leiste an der Mauer, so muß er daselbst auch
eins

eingeſchnitten werden, damit er wohl anliege und
ſchließe. Er wird durch vier Bankeiſen an der Mauer
befeſtiget. Seine Beſtimmung iſt, den Ableiter vor
den Beſchädigungen und Zerrüttungen zu ſchützen,
die er an dieſem Orte durch allerlei Zufälle, oder
auch durch Muthwillen, erleiden könnte.

100 §. Wir haben ſchon oben (74 §. x) im Vorbeigehen erinnert, daß man mehrern Wetterſtangen
einen einzigen Ableiter geben könne. Wiewol nun
die Bewaffnung des Gebäudes allemal vollkommener
iſt, wenn jede ſolcher Stangen ihre beſondere Ableitung hat: ſo kann man doch ohne Bedenken zweien
derſelben, ſonderlich wenn ſie nicht gar zu weit von
einander entfernet ſind, einen gemeinſchaftlichen Kanal (90 §) anweiſen, welcher aber in dieſem Falle
nicht weniger als 5 bis 6 Linien im Durchmeſſer haben müßte (88 §). Doch thut man wohl, wenn
man die Pulverthürne hievon ausnimmt, und das-
ſelbſt jeder Wetterſtange ihren beſondern Ableiter
giebt. Die Ableiter mehrerer als zweier Wetterſtangen in einen zuſammen laufen zu laſſen, iſt an keinem Gebäude rathſam. Um die Ruthen einer Stange mit der andern Stange, oder mit dem Hauptab-
leiter ſelbſt zu verbinden, verfährt man, nach Unter-
ſchied der Umſtände, nach der 12, 13, 14, oder 15
Figur. Alle beſondere, oder bis zur Erde für ſich
herablaufende Ableiter eines Gebäudes mit einander
in Gemeinſchaft zu bringen, giebt der Sache einen
hohen Grad der Vollkommenheit, und dieſes habe
ich bisher auch bei den weitläuftigſten Gebäuden, als

F 3

den

den Schlössern zu Nimfenburg, Mannheim u. s. w.,
zu thun gepfleget.

101 §. Nun ist noch zu zeigen übrig, wie der
Ableiter an einigen besondern Gebäuden, die von
der gemeinen Gestalt merklich abgehen, herab zu führen sey. Dergleichen sind die Krahnen, die Windmühlen und Schiffe. An den zwei erstern Gattungen legen die beweglichen Dächer oder Hüthe dem
Zusammenhange des Ableiters Hindernisse in den
Weg. Doch diese können an den Krahnen noch ge-
hoben werden, wenn man daselbst einen innern Ableiter (93 §) anbringen will. Denn da der Schnabel, Huth und König (Stammbaum) fest zusammen hangen, so kann der Ableiter sowol von der
Auffangstange des Huthes als des Schnabels (80.
83 §) bis zum obern Theile des Königes hingebracht,
und längst demselben bis zur eisernen Platte, an
welcher die Spindel angegossen ist, herunter geführet werden. Auf diese Weise wird der Ableiter mit
der eisernen, in den Boden eingelassenen Pfanne,
worin sich die Spindel drehet, in Gemeinschaft stehen. Will man dem Ableiter seine Bahn außerhalb
anweisen, so lasse man ihn bis zum Rande des Huthes herunter laufen, und schraube allda quer auf
dessen Ende einen viereckigen, ohngefähr 6 Zolle langen eisernen Stab mit 3 feinen, an dessen Unterfläche in gleichem Abstande unter sich befestigten, wenigstens 4 Zolle langen kupfernen Spitzen, deren eine in die Mitte, zwei an die Ende zu stehen kommen.
Diese Zurichtung wird einer Art von Rechen gleichen.

chen. Dann führet man am obern Rande des uns
beweglichen Daches einen eisernen, 3 bis 4 Zolle das
von abstehenden, aus den gewöhnlichen Ableitungss
ruthen zusammen geschraubten Reif ringsherum, so,
daß die Ende der gedachten kupfernen Spitzen in
dem kleinsten möglichen Abstande, der sich bei Ums
drehung des Huthes überall gleich bleibet, senkrecht
darüber hangen. An diesem Reife ist ein Lappen
rechtwinkelich angeschweißet, mit dem der untere Abs
leiter durch Schrauben (nach der 16 Fig.) verbuns
den, und sodann bis zur Erde herunter geführet
wird. Der Fehler der Trennung des Ableiters wird
hier durch die nahen Spitzen so vermindert, daß,
wenn sonst alles wohl eingerichtet ist (67=72 §),
man nichts dabei zu befürchten hat. Verlanget man
zu größerer Sicherheit zwischen den jetzt genannten
getrennten Theilen auch eine Art von Berührung, so
schweiße man an dem obern Ableiter, gleich über
dem angeschraubten Querstabe, noch einen Arm an,
biege ihn erst seitwärts, dann über den Rand des
Huthes herunter, endige ihn da in einen gelochten
Lappen, lege ein zehnfach oder noch öfters gefaltes
tes, unten wie eine Quaste eingeschnittenes, und
bis auf den Reif herabhangendes Blatt von Rauschs
golde darauf, belege dieses mit einem Lappen Eisen
oder Blei, und schraube alles fest zusammen. Eis
ne Quaste von Metallfäden wäre vielleicht dauerhafs
ter. Wird eine oder die andere dieser Quasten durch
das Reiben etwa abgenuzt, so kann leicht eine neue
dafür hingethan werden. Sollte ihr das Anfrieren

F 4

an

an den Reif im Winter schaden, so kann man sie bis zur Zurückkunft der Gewitterzeit in die Höhe binden, daß sie denselben nicht berühre.

102 §. An den Windmühlen ist nicht wohl ein Weg für einen innern Ableiter zu finden, sonderlich wenn die Axe der Welle in einer steinernen Pfanne läuft. Man muß sich deswegen hier eines äußern getrennten Ableiters bedienen, der beinahe beschaffen ist, wie am Krahnen. Man befestiget also am obern Rande des unbeweglichen Baues einen eisernen Reif, führet den Ableiter von der Wetterstange des Huthes (79 §) bis an dessen Rand herunter, und versieht ihn da mit Spitzen und Quaste, wie wir am Krahnen gezeiget haben. Von der Auffangstange eines jeden Flügels läuft über dessen Ruthe gleichfalls ein Ableiter bis zu dem breiten eisernen Beschläge oder Ringe der Welle herab, womit diese sich, bei ihrem Eintritte in den Huth, in der steinernen Pfanne wälzet. An diesen Ring läßt man die Ableiter der Flügel genau anstoßen. Unter dem Kopf der Welle schraubet man an einen angeschweißeten Lappen des besagten Reifes einen aufwärts gekehrten eisernen Arm, und an diesen einen Querstab mit 3 kupfernen Spitzen, wie oben, wovon jedoch die zwei äußern etwas schief inwärts stehen, damit sie, gleich der mittlern, senkrecht nach dem Ringe der Welle hinsehen. An einen zweiten Lappen des Reifes kann man noch einen Arm anschrauben, der neben dem Ringe der Welle hinauf läuft, sich über demselben bogenförmig herabbieget, und dessen Oberfläche mit einer

metals

metallenen Quaste berühret. Reichet etwa dieser oft
genannte Ring der Welle nicht weit oder frei genug
vor den Huth heraus, um zu dem beschriebenen
Zwecke wohl dienen zu können, so umfasset man den
Kopf der Welle selbst mit einem, mit den 4 Ableitern der Flügel wohl verbundenen eisernen Ringe,
und läßt diesen die Stelle des andern in allem vertre-
ten. Endlich wird der untere Ableiter von dem am
unbeweglichen Theile der Mühle befestigten Reife,
wie am Krahnen, herunter geführet.

103 §. Man hat bisher für das bequemste gefunden, die beweglichen Ableiter der Schiffe (91 §. l)
von der Spitze des Mastes an den Seilen seitwärts
herunter zu führen. Da diese aber mit Theer über-
strichen, und daher sehr verbrennlich sind, so könnte
durch die Funken, die an den gemeinen Gelenken
solcher Ableiter zu entstehen pflegen (90. 91 §. k),
daselbst Schaden verursachet werden. Diese Gefahr
fällt ganz oder größtentheils weg, wenn man den
Gelenken Gewerber giebt (91 §).

Unterer Theil des Wetterleiters.

104 §. Es ist nicht genug, daß man den Blitz
bis zur Erde herunter führe. Man muß ihm hier
auch einen leichten Uebergang in dieselbe verschaffen,
damit er sich durch ihr Eingeweid, als einen uner-
meßnen Behälter, unvermerkt zerstreue. Es ist daher
nothwendig, daß man den metallenen Ableiter auch mit
leitenden Theilen der Erde in Gemeinschaft bringe,
damit dadurch ein ununterbrochener Leiter bis in be-

sag-

fagtes Eingeweid entstehe. Solche leitende Theile
der Erde sind das Wasser (11 §). In dieses also
muß der Ableiter versenket werden, es mag nun in
einem freien Zusammenhange, wie in einem Fluße,
Brunnen u. d. gl., oder mit festen Theilen verbunden seyn, wie in einem feuchten Grunde; wenn es
sich nur in hinlänglicher Menge, und in gehöriger
Gemeinschaft mit dem innern der Erde da befindet.
Das frei zusammenhangende Wasser wollen wir
schlechtweg Wasser, das Gemisch aber, worin es
mit der Erde in Menge verbunden ist, die feuchte
Erde nennen.

105 §. Man mag aber den Ableiter in Wasser
oder in feuchte Erde versenken, so muß man zu dem
Theile, der versenket wird, kein Eisen, als welches
sehr rosten würde, sondern Blei nehmen, welches
diesem Fehler nicht unterworfen, nebst dem auch sehr
biegsam ist. Hiezu bediene ich mich einer Bleiröhre
von 1 1/2, oder wenigstens 1 Zolle im Durchmesser q).
Ich lasse sie von gesundem Tafelblei, das ohngefähr
1 Linie (1/12 Zoll) in der Dicke hat, zusammenrol-
len, und ihre Ränder, so wie die Theile, aus welchen sie der Länge nach besteht, zusammenlöten. Ich
nehme lieber eine Röhre als eine volle Stange von
diesem Metalle, um mehr Oberfläche und Berüh-
rungspunkte gegen die umgebenden Wassertheilchen
zu bekommen, als welche eine weit geringere Lei-
tungs-

q) Man kann den Bleistreif, woraus die Röhre gemacht wird
auch flach lassen, ohne ihn zu rollen.

zungskraft, als das Metall haben (12 §). Das
obere Ende dieser Röhre läßt man bei der Versenkung 4 bis 5 Zolle über die Erde hervorragen,
stecket die lezte, sich in einen doppelt gelochten Lappen (16 Fig.) endigende Ableitungsruthe hinein,
lochet diese ebenfalls, und verbindet beide Stücke
durch zwei breitköpfige Schrauben so fest mit einander, als es möglich ist, zu welchem Ende das Blei
auf beiden Seiten platt an den Lappen angeschlagen
wird. Nach dem Anschrauben wird das Blei, mehrerer Berührung halben, auch oben an der Mündung der Röhre ringsherum an die eiserne Ruthe
dicht angeschlagen r).

106 §. Versenket man den Ableiter in Wasser,
so hat man sorgfältig zu sehen, ob die Quelle oder
der Zufluß desselben so beschaffen sey, daß sein Aus-
trocknen oder Versiegen niemal zu fürchten sey, und
daher der Ableiter blos zu liegen komme. Ist man
dessen nicht völlig versichert, so muß man die Bleiröhre auch noch einige Schuhe tief in den Boden des
Wasserbehälters einsenken. Man kann an dessen
statt an das untere Ende der gedachten Röhre auch
einen gespizten kupfernen Stab von einigen Schuhen
in der Länge anschrauben, und diesen daselbst in den

Bo-

---

r) Metallstreife können an die Bleiröhre angeschraubet werden,
zu welchem Ende man die Röhre oben spaltet, und das Ende
des Streifes dazwischen stecket. Doch ist das Anlöten besser.
Die Verbindung der Drathflechten mit der Bleiröhre muß
durch das Anlöten geschehen.

Boden einschlagen, wie ich zum Ueberfluße in den Brunnen gethan habe, die ich für die Wetterleiter an den Pulverthürnen zu Heidelberg und zu Mannsheim habe graben laßen. Zum Einsenken des Ableiters wird also jedes Waßer untauglich seyn, das sich unmittelbar vom Regen in einer Grube sammelt, oder von den Gaßen zum weitern Abfluße in Rinnen oder andere Kanäle geleitet wird.

107 §. Das Waßer ist aber bei keinem Gebäude, nicht einmal bei Pulverbehältern, zur Versenkung des Ableiters unumgänglich nothwendig, wenn man nur eine hinlänglich feuchte Erde haben kann. Der sichere Beweis hievon ist, weil die Versenkung in solche Erde, wenn sie gehörig veranstaltet worden, noch bei keinem Wetterleiter in der Welt unzureichend befunden worden ist. Daher habe ich mich derselben auch bei allen Pulverthürnen zu Düsseldorf und Gülich ohne Anstand bedienet. Um aber sicher hierinn zu gehen, begnüge ich mich nicht mit dem ersten feuchten Grunde, der sich im Graben zeiget, sondern ich laße durchgehends das Loch, worinn ich die Bleiröhre versenke, 11 bis 12 französische Schuhe tief machen, wenn nicht ein häufig hervorquellendes Waßer einen Theil dieser Tiefe sicher ersetzet. Dieses Loch laße ich, wenn der Ort es zuläßt, in einem Abstande einiger Schuhe von der Mauer graben, damit die Röhre auch nach dieser Seite noch an eine starke Grundschichte anzuliegen komme. Der Erdstock zwischen dem Loche und der Mauer wird oben schief eingeschnitten, das Ende der Röhre da einge-

legt,

legt, dann senkrecht nach der Ableitungsruthe (105 §)
hinauf gebogen. In dieser Lage wird eine Bleiröhre
von 12 Schuhen in der Länge, und 1 Zolle im Durch=
messer, nach Abzuge ihres hervorragenden Endes die
Erde mit einer Oberfläche von 436 Vierecks zollen be=
rühren. Ist aber ihr Durchmesser 1 1/2 Zoll, so
wird die Berührung von 655 Viereckszollen seyn.
Will man auch die 3 obern Schuhe der Röhre in der
Voraussetzung, daß diese in keinem ganz feuchten
Grunde liegen, ganz abrechnen, so bleibet doch bei
dem erstern Durchmesser der Röhre eine Berührungs=
fläche von 323, bei dem leztern von 486 Vierecks=
zollen. Hat also der eiserne Ableiter 1/2 Zoll im
Durchmesser, so kann sich der Blitz im ersten Falle in
1646, im zweiten in 2476 feuchte Erdstangen ergies=
sen, die alle eine gleiche Dicke mit besagtem Ableiter,
und einen genauen Zusammenhang mit dem ganzen
Erdballen haben. Diese Rechnung steiget noch ein=
mal so hoch, wenn man das Blei nicht rollet (105 §.
q). Um deswillen ist ein Bleistreif der Röhre auch
wirklich vorzuziehen. Bei dem Anschrauben solches
Streifes an die eiserne Ableitungsruthe muß man
noch einen Bleilappen auf diese legen, damit sie auf
beiden Seiten an Blei anschließe.

108 §. Bei solcher Tiefe und Berührungsfläche
des versenkten Ableiters ist es unnötig, das untere
Ende desselben, nach dem Vorschlage einiger Natur=
forscher, in mehrere Aeste zu vertheilen. Jedem die=
ser Aeste aber noch eine Lage Eisenfeilspäne zugeben,
wie einige thun, ist in allen Fällen nicht nur unnötig,

son=

sondern auch unnüz, weil dieselben dem Durchfreſſen
und Zernagen des Roſtes allda nicht lange widerſte=
hen können. Schlacken, die einige anſtatt der Feils=
ſpäne brauchen, würden dem Roſte zwar etwas mehr
Widerſtand thun, doch aber auch keinen merklichen
Dienſt leiſten.

109 §. Iſt das Blei gehörig verſenket, ſo muß
das Loch wieder wohl zugeworfen, und ſorgfältig
verwahret werden, damit daſſelbe nicht ausgegraben
und geſtohlen werde, welches den ganzen Wetterlei=
ter zernichten würde. Ein Beiſpiel ſolches Diebſtah=
les, das ich geſehen habe, machet dieſe Warnung
nothwendig. Es iſt daher gut, wenn das zugewor=
fene Loch feſt gepfläſtert, oder mit Steinplatten be=
leget wird. An Orten, die etwas abgelegen ſind,
kann das obere Ende des verſenkten Bleies, bis ein
paar Schuhe tief unter die Erde, mit einem Mäuer=
chen oder ſteinernen Schlauche umfaſſet werden.

110 §. Man kann allen denen, die Wetterleiter
anlegen, die gehörige Sorgfalt bei Verſenkung des
Ableiters nicht genug empfehlen. Es iſt eines der
weſentlichſten Stücke einer guten Bewaffnung des Ge=
bäudes. Schon mehrere haben es hierinn verſehen,
und es iſt ſehr zu fürchten, daß es unerfahrne Leute,
die ſich mit Anlegung dieſer Maſchienen zu leicht ab=
geben, noch oft darinn verſehen werden. Geſchieht die
Verſenkung nicht tief genug, das iſt, in eine trocken,
oder zu wenig feuchte Erde, ſo entſteht zwiſchen dem
metallenen Leiter und dem Eingeweide der Erde, das
den Blitz aufnehmen ſoll (104 §), eine Lücke. Da
wird

wird also der herabfließende.Donnerstoff stocken, sich häufen, und sich mit Gewalt eine Bahn nach besagtem Eingeweide entweder zwischen den Grundsteinen des Gebäudes durch, oder selbst durch die zerstreuten Wassertheilchen der trockenen Erde machen, keines von beiden aber wird ohne Verwüstungen hergehen (13 §). Diesem Fehler der Versenkung waren die oben (66 §) angeführten Wetterleiter des Herrn Maine s), des Arbeitshauses zu Heckingham t),

und

---

s) Der Ableiter war hier nur drei Schuhe tief in die Erde versenket, wie aus der oben (91 §. k) erzehlten Geschichte des auf diesen Wetterleiter gefallenen Strahles zu sehen ist. Das war der Hauptfehler dieser Maschiene, ohne welchen die Verwüstungen nicht so beträchtlich gewesen, auch vermuthlich die Hacken der Ableitungskette nicht auseinander gerissen worden seyn würden. Wenigstens ist dieses letztere an der Ableitungskette des Herrn Cook (64 §. q), die gut versenkt war, nicht geschehen, ob wohl der herabschießende Blitz an den Gelenken derselben einen großen Widerstand gefunden hat, der sich theils durch das Funkeln der Kette, theils durch eine starke Erschütterung des Schiffes, geoffenbahret hat.

t) Auf diesem Hause, das die Gestalt eines H hatte, und bestimmt war, die Armen des Landes zu beschäftigen, stunden 8 Wetterstangen, welche alle an Schornsteine befestiget, und über diese mehrere Schuhe erhaben waren. Keiner der von diesen Stangen der ablaufenden Ableiter hatte die erforderliche Gemeinschaft mit der Erde, um den Gewitterstoff in dieselbe gehörig zu überbringen. Einige derselben endigten sich in einem Abtritte, ohngefähr eben so, als wenn

sie

und der Mariäschußkirche bei Genua u), wie auch
des

---

sie in freier Luft hiengen. Die übrigen gingen in einen mit
Backsteinen ausgemauerten Kanal, der zur Abführung des
Wassers aus einem Stalle in einen Behälter dienete. Der
Boden dieses Kanales war mit Moder bedeckt, und seine
Mündung war immer mehrere Schuhe weit von dem Wasser des Behälters entfernet. Rings um die Dachtraufe ging
eine Bedeckung von Bleie herum, welche mit den Wetterleitern keine Verbindung hatte, und vom nächsten derselben 42 Schuhe entfernt war. der Bliß fiel auf das Eck
dieser Bedeckung, welches dem anrückenden Wetter gerade
entgegen stund, und schmelzte das Blei daselbst an. Von
diesem Metalle kam er durch verschiedene Umwege, auf
welchen er mehrere Zeichen der Zerstörung hinterließ, endlich in einen Stall, wo er sich verlohr *). Einer der
Hauptfehler der Bewaffnung dieses Gebäudes war zwar, wie
man siehet, der Abgang der Verbindung eines so beträchtlichen metallenen Körpers, als die genannte Bedeckung war
mit den Wetterleitern, allein da diese so schlecht eingerichtet waren, daß der Donnerstoff niemahl einen ungehinderten Weg durch sie in die Erde gefunden hätte, so wäre doch
immer Schaden zu befürchten gewesen, wenn die besagte
Verbindung auch statt gehabt hätte.

*) Extrait d'une lettre de M. Magellan, de la Société royale de
Londres, in des Herrn Rozier Journal de Physique t. XIX.
p. 471.

u) Diese 3 Meilen von Genua auf einem Berge liegende Kirche
wurde fast alle Jahre vom Blize getroffen, und deswegen
im Windmonate (November) des Jahres 1778 mit einem
Wetterleiter bewaffnet. Auf das obere Ende des eisernen
Thurnkreuzes wurde eine mit einer kupfernen Spitze versehene eiserne Stang geschraubet, und mit dem Fuße dieses
Kreuzes wurde der Ableiter verbunden, der in einem or-
dents

des oben (64 §) genannten Grafen von Törring-
Seefeld w), unterworfen.

111 §.

dentlichen Zusammenhange bis zur Erde herab lief. Im
Erndtemonat des folgenden Jahres fiel der Strahl auf besagte Spitze, schmelzete sie an, floß durchs Kreuz herunter,
und ergoß sich in den Ableiter, ging aber von dannen zum
Theile seitwärts durch einige bis zur Vorkirche laufende eiserne Stangen, und so weiter an der Mauer herunter bis
in die Erde. Nachdem er diese Stangen verlassen hatte,
beschädigte er die Mauer an verschiedenen Orten, und hob
bei seinem Eintritte in die Erde einige Pflastersteine auf dem
Boden der Kirche auf. Es ist zu merken, daß eben dieses
der Weg sey, den der Blitz vorhin, bei seinem öftern Einschlagen in diese Kirche, immer genommen hat, und das
besagte Mauer unten am Boden sehr feucht sey, und dadurch dem Strahle den Uebergang in die Erde erleichtert
habe. Da dieser Ableiter in seinen Theilen wohl verbunden, und von gehöriger Dicke war, und der eingetretene
Blitzstoff in demselben dennoch stockete, so, daß ein Theil davon einem weit schlechtern Leiter folgete (12 §): so war der
Schluß leicht zu machen daß derselbe mit der Erde keine hinlängliche Gemeinschaft haben müsse. Und dieses fand auch
der berühmte Genfer Naturforscher, Herrn von Sauffüre *), in Begleitung des gelehrten P. Agens, ehemali-
gen Lehrers der Naturkunde zu Genua, bei Untersuchung
der Sache wirklich w. Denn der Boden, wo der Ableiter
versenkt war, bestehet aus einem Topfsteine, der von Natur
in kleine rautenförmige Stücklein gespaltet ist, und daher
die Feuchtigkeit durchläßt. Der Berg, worauf die Kirche
stehet, hat daselbst einen sehr gehen Hang, über den alles
Was-

*) Sieh dessen Nachricht hievon in des Herrn Landriani
dissertazione dell' utilità dei conduttori elettrici a. d. 190 f.

G

111 §. Einige gelehrte deutsche Naturforscher wollen den Ableiter nicht in die Erde, wenn sie noch

so

Wasser weg läuft, und der nebst dem in einem warmen Himmelsstriche, wie der bei Genua ist, der Sonnenhitze ganz ausgesetzet ist, dergestalt, daß er am Ende des Sommers völlig ausgetrocknet seyn muß. P. Ageno hat hierauf einen neuen Ableiter allda angeleget, ihn mit dem Alten verbunden, und wohl versenket, und seit dem ist die Kirche, nach des Herrn P. Sauxai Zeugniße **), vom Bliz verschont geblieben.

**) In der jezt genannten Abhandl. a. d. 125. s.

w) Das Haus, wovon hier die Rede ist, lieget 5 Stunden Weges von München auf einem dürren Sandberge. Den 26 Heumonat des Jahres 1781 wurde es wider den Bliz bewaffnet. Der Ableiter wurde 12 bis 14 Schuhe tief, aber in äußerst trockenen Sand versenket, und wenigstens noch 80 Schuhe weit vom Gebäude unter der Erde weg geführet. Den 2 Erndtemonate desselbigen Jahres, Abends um 11 Uhr, schlug der Bliz auf die Spize der Wetterstange, verfolgte den Ableiter, ohne Beschädigung des Hauses so weit er ging, zerriß aber und zerstreute die Erde da, wo er sich endigte, dergestalt, daß er daselbst ganz entblößt lag *). Man hat die aufgerissene Grube den folgenden Tag wieder zugeworfen, dem Ableiter aber seitdem keine bessere Versenkung gegeben, weil man der Meinung ist, der Bliz werde, bei jedem Einfalle auf die Wetterstange, immer ganz denselbigen Weg gehen, und nur da Gewalt ausüben, wo der Ableiter ein Ende hat, dieser Ort sey aber so abgelegen,

*) Aus der mündlichen und schriftlichen Nachricht, welche mit Herr Epp, kurf. geistlicher Rath, und Mitglied der baierschen Acad. der Wissenschaften, hievon gütigst ertheilet hat.

so feucht wäre, auch nicht einmal in verschloffenes Waffer, z. B. in einen Brunnen u. d. gl., sondern nur in offenes Waffer versenkt haben, und wenn dies ses Waffer mangelt, denselben lieber gleich an der Oberfläche der Erde aufhören laffen. Ihren Grund nehmen sie aus einem Versuche des berühmten P. Beccaria her, durch welchen dieser gezeiget hat, daß ein starker elektrischer Strom, der vermittelst der oben (13 §. a) erklärten Geräthschaft durch eine mit Waffer gefüllte Glasröhre geleitet wird, das Waffer zerstäube, und die Röhre zersprenge. Sie fürchten daher, eben dieses möchte bei dem Durchströmen des Blitzes auch mit den Feuchtigkeiten der Erde, oder mit dem eingeschloffenen Waffer geschehen, wobei denn ein Auffprengen des Bodens, der Mauern u. d. gl. zu beforgen wäre, da sich hingegen der Strahl über die Oberfläche der Erde leicht und ohne Schaden zerstreuen könne.

112 §. Die Natur hat die Furcht dieser Gelehr= ten seit einer so geraumen Zeit, daß die Wetterleiter in der Welt sind (60 §), und bei der unzähligen

G 2   Mens

---

legen, das daselbst weder dem Gebäude, noch Menschen oder Viehe Schaden zugefüget werden könne. Allein da nun der Blitz auf dem jetzigen Wege des Ableiters im= mer stocken muß: so kann es bei veränderten Umständen leicht geschehen, daß sich ein Zweig davon trenne, in das Gebäude selbst dringe, und traurige Verwüstungen anrichte. Die oben angeführten Wetterschläge an dem Hause des Her= ren Maine, und an der Kirche bei Genua, beweisen dieses zur Genüge.

Menge, in der sie jetzt vorhanden sind, noch mit keiner einzigen Erfahrung unterstützet (107 §), welches allein hinlänglich wäre, die Eitelkeit dieser Furcht
zu zeigen.   Die Beispiele an den Ableitern des Herrn
Maine und Grafen von Seefeld beweisen hier
nichts, indem dieselben, gezeigtermaßen (110 §. s. w),
in keinen feuchten Grund versenket waren. Aus dem
Versuche des P. Beccaria läßt sich hier auch nichts
schließen.   Bei demselben ist ein dünner Wasserfa-
den in der Glasröhre abgesondert, der ganze Feuerstrom, der von der innern Fläche der Verstärkungs-
flasche kommt, stürzet sich auf einen einzigen Fleck
der äußern Fläche, und hat keinen andern Weg dahin zu gelangen, als durch besagtes Wasser.   Nichts
Aehnliches hat statt, wenn der Blitz, vermittelst des
versenkten Ableiters, in ein verschlossenes Wasser,
oder in einen Boden tritt, der mit häufiger Feuchtigkeit getränket ist, und mit den innern leitenden
Erdschichten zusammenhängt (104. 107 §) — x).

113 §.

---

x) Da nun bei gehöriger Versenkung des Ableiters, es sey in
Wasser oder in feuchte Erde, kein Schaden aus der Zer-
stäubung oder Verpuffung dieser Flüßigkeit zu fürchten ist:
so brauchet man auch um deswillen diese Versenkung nicht
in einiger Entfernung von der Grundfeste des Gebäudes vorzunehmen, wie einige, aus übler Anwendung der obigen
Beispiele und des Beccariaischen Versuches, zu thun noch
immer anrathen. Manche gehen hierinn so weit, daß sie
diese Entfernung auf 30 bis 40 Schuhe, ja so gar auf eben
so viele Ehlen bestimmen. Was würde es wohl geben,
wenn

113 §. Den Ableiter, nach dem Rathe eben dieser Naturforscher, an der Oberfläche der Erde endigen, sehe ich für eine gefährliche Sache an. Ist der
Boden trocken, wie er es zur Sommerszeit oft in einem hohen Grade wird, so ist er ohne Widerspruch
ein schlechter Leiter. Der Gewitterstoff wird also
keinen gehörigen Abfluß haben, sich folglich im Ableiter häufen, und sich zu schädlichen Ausbrüchen be-
reiten. Kann man einige bewährte Beispiele anführen, daß der Blitz durch solche Ableiter wirklich glücklich abgeflossen sey, so war das zweifelsohne der
Fall einer benetzten, oder wenigstens hinlänglich
feuchten Oberfläche der Erde: ein Fall, den man gewiß nicht immer erwarten kann, und aus dem man
folglich keinen allgemeinen Schluß ziehen darf. Sollte Jemanden noch ein Zweifel hierinn übrig bleiben,
der erwäge nur den Wetterschlag an der Kirche bei
Genua (110 §. u). Hier hat die Natur entschieden.
Der Ableiter daselbst kann als ein solcher angesehen
werden, der sich an der Oberfläche der Erde endigte,
indem der versenkte Theil desselben sich in einem trocknen steinigen Boden befand, wo er, wenn er nicht
genutzet, doch auch nicht geschadet hat. Nun aber
hat sich der Strahl an dieser Oberfläche so wenig zerstreuet, daß er das Gebäud seine Schmetterkraft auf
einer andern Seite merklich empfinden ließ.

G 3 114 §.

wenn man dieser Vorschrift in Städten, und sonderlich bei
solchen Häusern folgen solte, die keinen Hof haben, und
in engen Gassen liegen?

114 §. An ganz beweglichen Gebäuden oder Ge=
rüsten, als Schiffen, Schilderhäusern, Schäferkar=
ren, geschieht die Versenkung des Ableiters nicht völ=
lig auf die bisher beschriebene Weise. An den Schif=
fen, an welchen der Ableiter selbst beweglich ist (91 §.
1), ist dieselbe einfach und leicht. Denn wenn die
Kette aufgezogen, und an den Seilen angebunden
ist (103 §): so wirft man das untere Ende dersel=
ben nur ins Wasser, worauf das Schiff schwimmet,
und dann ist alles geschehen.

115 §. An den beweglichen Schilderhäusern hat
die Sache, in Ansehung der Verbindung des versenk=
ten Theiles des Ableiters mit dessen oberem Theile,
ihre Schwierigkeiten. Vielleicht wäre folgende Ein=
richtung nicht uneben. Man versenket neben dem
Schilderhause eine Bleiröhre, wie gewöhnlich (105 §),
und verbindet mit ihrem obern Ende, vermittelst ein
paar Schrauben, eine Kette von ohngefähr 1 1/2
Schuhen in der Länge, die mit Gewerbern (91 §),
und mit etwas langen Gliedern versehen ist, deren
leztes sich in ein Ohr (89 §) endiget. Zur Zeit,
da diese Kette nicht gebrauchet wird, henket man sie
mit ihrem obern Ende außen am Schilderhause in
einen Hacken. Der am Schilderhause herablaufende
Ableiter theilet sich unten in zwei Aeste, die bis an
den Rand zweier Ende des hölzernen Kreuzes, wor=
auf das Haus befestiget ist, hingehen, und sich bei=
de in ähnliche, etwas vorspringende, oder auch um=
gebogene Ohren endigen. Ju dem Schilderhause
lies

lieget in einem besondern, an der Seite befestigten Kästchen eine Schraube mit ihrer Mutter, ein Bleiring zum unterlegen, und ein Schlüssel zum Anziehen (89. 90 §). Bei einem herannahenden Wetter drehet der Soldat sein Haus gehörig, leget das Ohr der Kette mit der bleiernen Unterlage auf das Ohr des nächsten Astes des Ableiters, und schließet diese Stücke mit der Schraube fest aneinander. Ist das Gewitter vorbei, so schraubet er die Kette wieder los, und thut alles an seinen vorigen Ort. Man könnte die Sache auch auf folgende Art einrichten. Auf dem Boden, worauf das Schilderhaus stehet leget man Steinplatten auf einen festen Grund, und der Erde gleich, im Kreise herum ein. Dieser Kreis ist so weit, und die Platten so breit, daß die ganzen Ende des Kreuzes des Schilderhauses auf diese zu stehen kommen. Mitten über die Steinplatten läuft ein eingebleieter breiter eiserner Reif her. Dieser ist mit einem angeschweißten, seitwärts laufenden starken Lappen versehen, an den man die versenkte Bleiröhre anschraubet (105 §). Den Ableiter des Schilderhauses führet man bis an den Rand eines der Ende des Kreuzes, bieget ihn da unterwärts, und läßt ihn über die ganze Länge der Unterfläche dieses Endes hinlaufen. Hier wird er nun den eisernen Reif immer berühren, das Schilderhaus mag gedrehet werden, wie es will. Damit aber diese Berührung desto stärker werde, so läßt man den umgebogenen Theil von solcher Breite machen, daß er die ganze Unterfläche des Endes des Kreuzes bedecke.

G 4 Dies

Diese Einrichtung ist leichter, aber nicht so vollkommen als die andere.

116 §. Da die Schäferkarren von einem Orte zum andern geführet werden: so muß hier wieder eine andere Einrichtung, als an den Schilderhäusern, getroffen werden. Diese habe ich an einem solchen Karren, worinn zwei Schäferknechte erschlagen worden waren, folgendergestalt machen lassen *). Ein Theil des Ableiters ist am hintern Theile des Karrens für beständig befestiget. Der obere gespizte Theil ist beweglich, und wird nur im Fall der Noth aufgeschraubet. An das untere Ende des unbeweglichen Theiles ist eine Kette angeschweißet, die sich in einen, mit aufgeschnittenen Gewinden versehenen Nagel endiget. Das Stück, welches bestimmt ist, den Ableiter mit der Erde zu verbinden, besteht aus einem 5 Schuhe langen spizigen eisernen Stabe mit einem dicken Kopfe, unter dem ein Loch, in welches besagter Nagel gut schließet, quer durch den Stab durchgehet. Rücket ein Gewitter an, so schlägt der Schäfer den Stab, so tief er kann, in den Boden, stecket den Nagel durch das Loch, schraubet eine Mutter vor, und setzet den beweglichen Theil des Ableiters auf. Ein Fehler dieser Einrichtung ist die seichte Versenkung des Ableiters, bei welcher vielleicht nicht immer hinlänglich feuchter Grund erreichet wird (104 §); allein dieser Fehler ist bei jeder

anbern

*) Acad. Sc. Theodoro Pal. T. V. phyſ. p. 311.

andern Einrichtung, wie bei dieser, unvermeiblich, indem es nicht wohl möglich ist, solch einen Stab überall tief genug in die Erde zu schlagen.

Verbindung der Metalle.

117 §. Daß man sonst so wenig bedacht gewesen ist, die auf den Gebäuden hier und da verstreuten Metalle mit den Wetterleitern zu verbinden, kam von der irrigen Meinung her, die man von dem großen Umfange des Wirkungskreises dieser Maschinen gefaßt hatte. Einige setzeten die Gränzen dieser Wirkung auf 200, andere auf 100, die mäßigsten auf 40 oder 50 Schuhe, dergestalt, daß sie glaubten, das Gebäude sey, in solcher Entfernung vom Wetterleiter, vor den Anfällen des himmlischen Feuers sicher. Hätte man den Begriff von diesem Wirkungskreise recht entwickelt, so hätte man gefunden, daß die ganze Frage endlich da hinaus laufe, in welcher Entfernung eine Wetterstange den im Dunstkreise einer geschwängerten Wolke angehäuften Donnerstoff anziehe y); und dann wäre

G 5   dies

---

y) Soll der Verstand der Frage dieser seyn, in welcher Entfernung eine Wetterstange die Wolke selbst entladen, und folglich das Gebäud schützen könne, so hängt dieses ja nicht von der Wirkung oder Anziehungskraft der Stange, sondern von der Ausdehnung des Hauptdunstkreises der Wetterwolke ab, indem die Entladung der Wolke selbst nur auf die Entladung dieses Dunstkreises folget (52 §). Diese Ausdehnung ist nach verschiedener Stärke der Ladung der Wol-

ke,

diese Entfernung, dieser so berufene Wirkungskreis, unendlich klein ausgefallen (9. 55 §).

118 §. Ja, die Wetterstangen reissen den Don-nerstoff nur an sich, wenn er ihnen sehr nahe ist, und gleichsam auf ihnen liegt, er mag nun unmit-telbar durch den Dunstkreis der Wolke selbst, oder durch einen dazwischenliegenden Leiter (52 §) dahin gebracht werden. Stößt also der zum Schlagen hin-länglich geladene Dunstkreis einer anrückenden Ge-witterwolke, ehe er die Wetterstange erreichet, an einen andern Theil des Gebäudes, und finden sich daselbst einzelne leitende Körper, die mit andern ihres gleichen in solchem Abstande von einander stehen, daß die Kraft des Dunstkreises dem gesamten Wider-stande der dazwischen liegenden Nichtleiter überlegen ist (33 §), so wird der Strahl auf diesen Theil des Gebäudes fallen, und seinen Weg unter den gewöhn-lichen Verwüstungen (13 §) nach der Erde fortse-zen. Diesem Uebel kann man dadurch vorkommen, daß man diese getrennten leitenden Körper, die auf dem Gebäude verstreuten Metalle, mit dem Wetter-leiter verbindet.

119 §.

ke, wie auch nach Verschiedenheit der Luft, die besagten Dunstkreis umgiebt (152 §), selbst sehr verschieden, so daß sie niemal bestimmet werden kann. Aber wenn sie sich auch bestimmen ließe, so wäre dadurch doch noch nichts ausge-macht, weil dieser Dunstkreis oft einen andern Theil des Gebäudes schlagen kann, ehe er zur Wetterstange hinkömmt (118 §).

119 §. Dahin gehören aber nur die beträchtlichen, und den unmittelbaren Anfällen des Blitzes ausgesezten Metalle, als Windfahnen, metallene Belegungen der Fürsten und Gräte, Uhrblätter, Dachrinnen, die eisernen Gitter der Thurngänge, samt allen übrigen dergleichen metallenen Körpern, die sich auf dem Dache, und an andern hohen freien Theilen des Gebäudes befinden. Von der Regel der Verbindung sind also sowol diejenigen Metalle ausgenommen, die tief unten am Gebäude, als im Innern desselben befindlich sind, und dieses bleibet wahr, wenn der Ableiter, er gehe inwendig oder auswendig herunter, auch ganz nahe bei denselben vorbei liefe (92 §). Doch ist es rathsam, an Gebäuden, die zugleich hoch und frei liegen, auch die tiefern Metalle, wenn sie von einem beträchtlichen Inhalte sind, zu verbinden. So habe ich an der Kirche auf dem Peisenberge ('62 §), der sich 1220 Schuhe über die unten vorbeifliessende Amber erhebet, auch die eisernen Gitterstangen der untern Fenster mit dem Ableiter in Verbindung bringen lassen. An den Pulverbehältern ist die Verbindung aller äußern Metalle, oberer und unterer, aus kluger Vorsorge immer zu machen. Zu den innern Metallen der Thürne sind zwar auch die Glocken zu zählen: doch weil sie so hoch und frei hangen, so ist ihre Verbindung nicht wohl zu unterlassen.

120 §. Ob die Metallstreife auf den Gräten der Dachfenster, die eisernen Klammern, welche die Steine verbinden, und andere dergleichen Metalle
von

von geringerem Inhalte, mit dem Ableiter in Ge=
meinschaft zu bringen seyen, hängt von dem oben ge=
nannten Umstande ab, ob dieselben in Ansehung der
Theile, woran sie sich befinden, dem Zuge der Wet=
ter so ausgesetzet seyen, daß sie von dem seitwärts
herkommenden Dunstkreise der Donnerwolke vor dem
Ableiter, oder den damit verbundenen Metallen,
leicht erreichet werden können. Ist die Lage der be=
sagten Theile wirklich so beschaffen, so ist die Verbin=
dung allerdings vorzunehmen. Dieser Fall hat nun
bei den Dachfenstern selten statt, weswegen man für
die Verbindung der darauf liegenden Metallstreife
nicht zu sorgen hat, wenn nur auf der Fürst und sonst
alles wohl bestellt ist. Sollte eine Ausnahme hier zu
machen seyn, so wäre es etwann an den Dachfenstern
der Thürne, an den obersten Dachfenstern frey ste=
hender Häuser, und an den sehr erhabenen Zuglä=
den der Dächer (wo Waaren auf den Speicher gezo=
gen oder gehaspelt werden). Es war hier blos die
Frage von den metallenen Bedeckungen der Dachfen=
ster. Ein anderes ist mit ihren metallenen Aufsä=
zen; denn diese müssen durchgehends verbunden wer=
den, es seye denn, daß die Dachfenster tief unten,
oder auf der gedeckten Seite des Hauses stünden.
Nicht selten sind die Fälle, wo die Verbindung der
Klammern nothwendig ist, z. B. an den steinernen
Brustwehren, die um die Dächer hoher, oder hochlie=
gender Gebäude herum laufen, an den steinernen
Thürnen u. d. gl., wo sie oft in großer Menge vor=
kommen. Weil aber diese Verbindung, wegen eben

dies

dieſer Menge, eben ſo mühſam als koſtſpielig wäre:
ſo muß man ſie durch ein anderes ſchickliches Mittel
erſetzen. Dieſes beſteht in den Fondaiſchen ſpitzigen
wagerechten Stangen (74 §. x), welche ſo lang
ſeyn müſſen, daß ſie merklich weiter als die Theile
hervorragen, die ſie ſchützen ſollen. Man befeſtige
dieſelben alſo von Strecke zu Strecke an den obern
Theilen ſolcher Gebäude, wo ſich die Klammern befinden, und zwar auf allen freien Seiten, und verbinde ſie mit dem Ableiter. Der Dunſtkreis der
Wetterwolke mag alsdann nach dieſen Theilen ziehen, woher er will, ſo wird er allemal eher an dieſe Stangen, als an die Klammern anſtoßen z — a).

121 §.

---

z) Einer der vorzüglichſten Fehler an der Bewaffnung des Ar-
beitshauſes in Norfolk (66 §), den wir oben (110 §. c)
ſchon angemerkt haben, beſtand darinn, daß man einer ſehr
großen Strecke von Metalle keine Verbindung mit einem
der Ableiter gegeben hatte; und eben dieſer Fehler hat den
Schaden des Wetterſchlages an dieſem Hauſe unmittelbar
veranlaſſet.

a) Denſelbigen Fehler hatte auch der Wetterleiter an dem
Hauſe des Herrn Haſſenden (66 §). Dieſes Haus ſteht
mit ſeiner vordern breiten Seite nach Weſten. Sein Dach
iſt gebrochen, das iſt, mit einem Abſatze verſehen. An dieſem Abſatze iſt eine bleierne Rinne, aus welcher eine Regenröhre von gleichem Metalle an dem hintern Ecke der
rechten ſchmahlen Seite des Hauſes bis auf 4 Schuhe
von der Erde herablief. Das untere Ende dieſer Röhre
iſt einen Schuh lang ſeitwärts gebogen, und in dieſem
Theil der Röhre war ein altes roſtiges Bratbſpieß lo-

ſe

121 §. Nachdem wir die Metalle benennet haben, welche mit dem Ableiter zu verbinden sind: müssen wir auch die Art anzeigen, wie diese Verbindung füglich zu machen sey. Die gemeine und feste Verbindungsart geschieht durch die gewöhnlichen Ableitungsruthen und Schrauben, wo diese wohl anzubrin=

---

ker eingestecket, welcher mit dem andern Ende auf der Erde ruhete. An jeder Mauer der kürzern Seite des Hauses gehen 2 Schornsteine gerad herauf, die sich 2 Schuhe über die Fürst des Daches erheben. Am hintersten Schornsteine zur Rechten war die Wetterstange errichtet, welche oben 5 Schuhe über dessen Spitze hinaus ging, unten aber bis an die genannte Bleiröhre herablief. Im Jahre 1774 traf der Bliz den vordern Schornstein auf der linken Seite, der 50 Schuhe von der Wetterstange stund, der anrückenden Wetterwolke aber am nächsten war, zerschmetterte ihn, und sprang auf das Blei, welches den Winkel hinter dem Schornsteine, wo dieser an das Dach stößt, deckte. Hier theilte sich der Strahl, und lief einerseits über das Dach, das er auf diesem Wege sehr beschädigte, nach der gedachten bleiernen Rinne und der damit verbundenen Röhre; andererseits warf er sich auf einem Bleistreif, der längst dem Gesimse der vordern Seite des Hauses bis zum vordern rechten Schornsteine hingeht, und von diesem Streife kam er nicht ohne Verwüstungen, zu eben der Röhre. Dieser lief er nun bis an den Ort, wo der Spieß anstieß, ruhig nach, schmelzte sie daselbst an, ging am Spieße herunter, und zerstreuete sich auf dem Boden, der vom Regen eben sehr benetzet war *) Wir sehen hier, daß alle Verheerungen, die der Bliz, nebst dem zerschmetterten Schornsteine, an diesem Gebäude angerichtet hat, aus Mangel der Verbindung der Metalle mit dem Ableiter hergekommen sind. Phil. Trans. LXV. B. 336 s.

bringen sind. Die Ruthen können hier von der dünnesten Gattung seyn (88 §). Bisweilen schicket sich die bloße Berührung der Metalle, ohne Schrauben, besser. Im Fall der Noth kann man sich der Annäherung der Spitzen bedienen. Die Anwendung dieser Verbindungsarten wird zwar jedermann in der Ausübung unschwer selbst finden: doch will ich kürzlich zeigen, wie ich dieselben in verschiedenen Fällen anzuwenden pflege.

1) Blei= oder Kupferstreife. Dazu nehme ich eine Ableitungsruthe, die an einem Ende mit einem Lappen (16 Fig.), am andern mit einem Buge oder Umschlage (15 Fig.) versehen ist. Den Lappen schraube ich an den Streif, den Umschlag an den Ableiter. Bei dem Umschlage kann man sich hier auch mit einer Schraube, anstatt zweier, begnügen. Hiebei will ich überhaupt erinnern, daß ich mich bei jeder Verbindung zweier Metalle mit Schrauben, wenn nicht eines derselben selbst Blei ist, bleierner Unterlagen bediene. Sollen zwei Metallstreife unter sich verbunden werden, so lasse ich der eisernen Ruthe an beiden Enden Lappen geben. An Thürnen, oder andern spitzig zulaufenden Gebäuden, wo die Dachgräte mit Metallstreifen bedecket sind, bringe ich erstlich diese Streife durch einen Kranz oder Gürtel von gleichem Metalle, den ich an ihren obern Enden um den Thurn herum führe, unter sich in Gemeinschaft, wenn sie nicht etwa schon oben zusammenstoßen. Sind sie auf ihrem Wege durch ein Gesims oder durch eine Laterne getrennt, so verbinde

ich

ich den obern Theil eines jeden Streifes mit dem untern Theile durch eine eiserne Ruthe, oder, wenn die Trennung kurz ist, durch einen ähnlichen Streif. Sind aber die unter dem Gesimße oder der Laterne befindlichen Streife schon selbst durch einen Kranz mit einander verbunden, so ist es genug, wenn man einen der obern Streife mit diesem Kranze verbindet. Nach dieser Verbindung der Streife unter sich verbinde ich den nächsten derselben, vermittelst einer eisernen Ruthe, mit dem Ableiter.

2) Windfahnen, metallene Knöpfe, Säulchen u. d. gl. Diese umfasse ich an ihrem untern Theile mit dem Umschlage einer eisernen Ruthe (15 Fig.), oder mit einem aus Ende dieser Ruthe geschweißten breiten Ringe, und verbinde das andere Ende dieser Ruthe, das ich nach Verschiedenheit der Umstände mit einem Umschlage, oder mit einem Lappen versehen lasse, mit dem Ableiter, oder mit dem nächsten Metalle, das Gemeinschaft mit dem Ableiter hat. Zur Verbindung einer ganzen Reihe solcher Knöpfe oder Säulchen, die bisweilen auf den Dachfenstern stehen, ist ein Drath von mäßiger Dicke sehr schicklich. Man schraubet ihn vermittelst eines Ringes an das erste Säulchen, läßt ihn in einigem Abstande (96 §) über das Dach herlaufen, schlinget ihn um jedes der folgenden Säulchen herum, und führet ihn vom lezten derselben mittel- oder unmittelbar zum Ableiter, mit dem er durch einen Lappen oder Ring verbunden wird.

3)

3) **Dachrinnen.** Eine eiserne Ruthe bekommt
an beiden Enden einen Umschlag, und wird mit ei=
nem derselben an den vorbei laufenden Ableiter, mit
dem andern an einen Hacken, oder ein Trageisen der
Rinne geschraubet. Dieses Anschrauben kann auch
einerseits an dem Ableiter, andererseits an der mit
der Rinne verbundenen Regenröhre geschehen, wo=
fern man sich auf die Dauer dieser lezten verlassen
kann (90 §. i).

4) **Sondaische Stangen** (120 §). Weil an der
genauen Verbindung derselben viel gelegen ist: so
werden sie an ihrem untern Ende gelochet, und die
Ruthen, die zu ihrer Verbindung dienen, an ihren
Enden mit Ohren versehen, und umgebogen (12 Fig.).
Dann geschieht die Verbindung dieser Stangen un=
ter sich und mit dem Ableiter nach der oben (89 §)
angezeigten Art, zu welchem Ende aber auch der Ab=
leiter an dem Orte der Verbindung gelochet, und
deswegen gestauchet seyn müßte, wenn man ihn mit
gedachten Ruthen nicht lieber durch wohl unterlegte
und wohl angezogene Ringe oder Umschläge (15 §)
in Gemeinschaft bringen will. Die vier Stangen an
der Laterne der Reinoldskirche zu Dortmund (84 §),
die keine solche Bestimmung, als die obigen (120 §)
haben, habe ich blos durch einen starken meßingenen
Drath verbunden, den ich um diese Stangen herum
wand, und mit seinen beiden Enden, vermittelst
Umschläge, an den Ableiter schraubete.

5) **Eiserne Fenstergitter,** wo ihre Verbindung
nöthig erachtet wird. Diese habe ich auf dem Peisen=

H

berge

berge (119 §) durch eine dünne eiserne Ruthe, wel=
che gleich dem eben genannten meßingenen Drathe
umwunden und angeschraubet worden, in Verbin=
dung bringen laßen.

6) Glocken. Hier verbinde ich die Jochbänder
vermittelst einer aufgenagelten, genau anschließen=
den eisernen Schiene auf einer Seite mit der Axe.
Weil nun die Axe in einer eisernen Pfanne liegt: so
laße ich das Ende einer Ableitungsruthe an die
Pfanne anstoßen, führe die Ruthe den nächsten Weg
über die Balken, zum Schallloche hinaus, bis an
den Ableiter hin, an den ich sie vermittelst eines
Umschlages anschraube.

7) Uhrglocken. Weil der Blitz von diesen ge=
wöhnlichermaßen auf den nahen Hammer springet,
und von diesem durch den Drath bis zum Uhrkasten
dringet: so schraube ich eine Ableitungsruthe an die=
sen Kasten, und führe sie zu dem außen herablau=
fenden Ableiter, mit dem ich sie durch eine Schraube
verbinde. Da aber die Uhrdräthe durchgehends
dünn sind, und aus hackenweise in einander gehenk=
ten Stücken bestehen, folglich in Gefahr sind, von
dem durchströmenden Strahle zerschmelzet oder zer=
rißen zu werden (88. 91 §): so verwechsele ich die=
selben mit einem dickern meßingenen Drathe, deßen
Stücke an ihren geplätteten, glatt gefeilten Enden
durch leichtspielende Gewerber mit einander verbun=
den sind. Bei solchem schweren Drathe muß dem Ge=
wichte des Hammers auch etwas zugesetzet werden.

8)

8) **Metallene Uhrblätter** (**Zifferblätter**). Wiewol diese mit dem Uhrkasten zusammenhangen, und
also keiner besondern Verbindung bedürfen, sobald
dieser Kasten verbunden ist: so kann man doch, um
dem etwann auffallenden Strahle einen kürzern und
leichtern Weg zum Ableiter zu geben, eine Ableitungsruthe mit einem Ende vermittelst eines Lap-
pens unmittelbar an den Rand des Uhrblattes, und
mit dem andern umgeschlagenen Ende an den Ableiter schrauben.

9) **Bewegliche metallene Zürbe** (**Wölfe**) auf
den Schornsteinen. Mit den eisernen Platten oder
Stangen, womit dieselben in Gemeinschaft stehen,
verbindet man durch das Anstoßen oder Anschrauben, je nachdem es sich am besten schicket, eine Ableitungsruthe, die man an der Seite des Schornsteines herunter mittel- oder unmittelbar zum Ableiter
führet, und mit demselben in Verbindung bringet.

10) **Bewegliche Metalle an den Schäferkarren**
(114. 116 §). Solche sind die Radschienen, und
die eisernen Reife der Naben. Weil diese nun mit
dem Rade umlaufen, so können sie mit dem Ableiter
keine beständige, doch aber eine veränderliche Verbindung haben. Um die leztere zu erhalten, verbindet man erstlich auf jeder Seite des Karrens die
Radschiene mit den Reifen der Nabe durch eine eiserne aufgenagelte Ruthe oder Schiene, die über
eine Speiche bis zum lezten Reife der Nabe herab-
geführet wird, und sich in einen eckigen flachen Ring
endiget. Von dem unbeweglichen Theile des Ablei-

ters

terś läuft eine eiserne Ruthe an der Seite des Karrens bis gegen die Nabe hin, wo sie mit einem breiten flachen Hacken vermittelst eines Gewerbes verbunden ist. Dieser Hacken wird zur Gewitterzeit,
wo der Karren stillsteht, in besagten Ring gehenket.
Dadurch bekommt der einfallende Strahl immer einen doppelten Abfluß, welcher der mangelhaften
Versenkung daselbst (116 §) wohl zu statten kommt.

Bewafnung der Schornsteine, und aller merklich emporragenden Theile.

122 §. Aus zweierlei Ursachen erfordern die
Schornsteine durchgehends eine besondere Bewaffnung, erstlich weil sie Rauchfänge, zweitens weil
sie merklich erhabene Körper sind (69. 70 §). Höret
also eine dieser Ursachen auf, so darf doch die Bewaffnung nicht unterlassen werden, wofern die andere Ursache noch bleibet. Aus der ersten Ursache
müssen alle Schornsteine bewaffnet werden, welche in
den Jahreszeiten, in welchen Gewitter zu entstehen
pflegen, zum Feuern gebrauchet werden, sie mögen
hoch oder niedrig seyn, und auf dem Gebäude stehen, wo sie wollen. Aus der zweiten Ursache erfodern erstlich alle diejenigen ihre Bewaffnung, die auf
der Fürst oder nahe daran stehen, zweitens diejenigen, die zwar tiefer unten stehen, aber von einer
sehr beträchtlichen Höhe sind. Von diesen zwei Re-
geln der Bewaffnung sind die Schornsteine ausgenommen, an welchen die Wetterstange selbst befestiget

get ist, oder bei welchen sie so nahe steht, daß eine der Seitenstangen, wenigstens mit ihrer Spitze, darüber herrage.

123 §. Die Bewaffnung eines offenen Schornsteines, der auf der Fürst steht, und aus den beiden genannten Ursachen verwahret zu werden verlanget, stellet die achtzehnte Figur vor. AMN ist eine aus den gewöhnlichen Ableitungsruthen verfertigte Art von Stege mit seinen Stützen oder Schenkeln. Er wird über den Schornstein gestellet, und ist von solcher Größe, daß er sowol oben als an den Seiten 3 bis 4 Zolle von demselben absteht. Er wird mit seinen Füßen c d an das Blei, das die Fürst bedecket, oder in Ermangelung dessen an die eiserne Ruthe geschraubet, welche über die Fürst herläuft (128 §). Im erstern Falle endigen sich die Füße in Lappen, wie in dieser Figur, im leztern in Umschläge nach der 15ten Figur und dem 121 §. 1). P ist ein angeschweißtes oder angeschraubtes eisernes Stäbchen von ohngefähr 3 Zollen in der Länge, mit einem angeschraubten handbreiten, vorne zackicht geschnittenen Bleche von Kupfer, welches über die Mündung des Schornsteines zu liegen kommt, und bestimmt ist, den durch die Rauchsäule etwann herab schießenden Blitzstrahl aufzufangen. Kommt solcher Strahl in die Nähe von P, so wird er den Rauch als einen schlechtern, mit der Erde nicht in Gemeinschaft stehenden Leiter unfehlbar verlassen, um sich auf das Metall zu stürzen, welches ein weit besserer, und mit dem Eingeweide der Erde gehörig verbundener

Leiter ist. Hat der Schornstein mehrere Mündungen, so werden mehrere dergleichen Stäbchen mit ihren Kupferblechen, als r, s, t, nach der Zahl der
Mündungen angeschweißt. Diese Zurüstung bleibet
natürlicherweise vom Stege weg, wenn der Schornstein in den Jahrszeiten der Gewitter nicht gebrauchet wird. Ist der Schornstein mit einem Huthe gedeckt, so wird der Steg M nach demselben gebogen,
um in dem gehörigen Abstande darüber herzulaufen,
und in diesem Falle werden die Stäbe P S, wenn der
Schornstein zum feuern gebraucht wird, so verlän-
gert, daß ihre Kupferbleche an beiden Seiten die
Oeffnung des Huthes erreichen.

124 §. Steht der Schornstein nicht auf der Fürst
sondern seitwärts, so ist der halbe Steg M mit einem
Schenkel N hinlänglich, und dieser wird alsdann
auf der Seite des Schornsteines befestiget, die dem
Ableiter, oder einem mit demselben in Gemeinschaft
stehenden Metalle, am nächsten ist. Die mittel- oder
unmittelbare Verbindung dieses Schenkels mit dem
Ableiter geschieht durch eine an den Fuß d geschraub-
te eiserne Ruthe. Der Gebrauch der Zurüstung P
wird bei diesen Schornsteinen nach dem bestimmet,
was in dem vorhergehenden Absatze davon gesagt
worden ist. Bei keiner der jetzt erklärten Bewaffnungen der Schornsteine ist die Verbindung der eisernen
Stangen nöthig, die sich oft in denselben befinden b).

125 §.

---

b) Der Schornstein an dem Hause des Herrn Haffenden
wurde zerschmettert (120 §. a), weil er keine Bewaffnung
hatte.

125 §. Auf eine ähnliche Art können auch steinerne Kreuze, Gefäße, Bildsäulen und andere merklich hervorragende, frei und einzel stehende Körper bewaffnet werden. Es ist genug, wenn eine metallene Ruthe, wie der Schenkel NM (18 Fig.), von dem höchsten Theile derselben herunter läuft, und mit dem Ableiter verbunden wird. Das obere Ende dieser Ruthe kann mit einem Kupferbleche P versehen, und dieses leztere so geleget werden, daß es an der unbewaffneten Seite des Körpers hervorstehe. Erhabene Körper, an welchen die Wetterstange steht, brauchen natürlicherweise keine besondere Bewaffnung.

126 §. Ob die Dachfenster zu bewaffnen seyen, ist oben (120 §) gesaget worden, wobei ich erinnern will, daß ich den Fall, wo ich ihre Bewaffnung für nöthig erachtet hätte, noch niemal, auch nicht einmal an Kirchendächern, angetroffen habe, es seye denn, daß sie metallene Aufsätze gehabt hätten (120 §).

127 §. Stehen mehrere ähnliche erhabene Körper in einer langen Reihe neben einander, so können sie an der frey stehenden Seite durch Fonbaische Stangen bewaffnet werden.

H 4　Uebers

hatte. Dieser Schlag wurde dadurch befördert, daß eine Metallplatte hinter dem Schornsteine lag, von welcher der Strahl durch Sprünge zu dem Ableiter gelangen konnte.

Ueberziehung der Fürst, und der Gräte an der Wetterseite, mit einer metallenen Leitung.

128 §. In dem 117ten und 118ten Absaße haben wir gesehen, daß man auf keinen beträchtlichen Umfang des Wirkungskreises der Wetterstangen bauen, und daher keine Entfernung bestimmen könne, in welcher dieselben aufzupflanzen wären, um das Einfallen des Strahles auf andere Theile des Gebäudes dadurch gänzlich zu verhindern. Es ist also leicht möglich, daß der Dunstkreis der Gewitterwolke sich in einem sichern Abstande von der Wetterstange auf die Fürst des Daches lege, und sein Feuer da ausgieße (118 §). Man muß daher sorgen, daß dieses Feuer in solchem Falle einen gemächlichen Weg in die Erde finde, welches man durch eine über die ganze Fürst hinlaufende, und mit dem Ableiter gehörig verbundene eiserne Ruthe erhält. Diese kann von dem oben (88 §) angegebenen mindesten Grade der Dicke seyn. Auf ihrem Wege wird sie bei jedem Schornsteine viermal, nämlich von der Fürst neben dem Schornsteine herunter, an der untern Seite desselben vorbei, auf der andern Seite wieder hinauf auf die Fürst, und dann wieder gerad über diese her gebogen. Man kann sie auch in Gestalt des oben (123 §) beschriebenen Steges über den Schornstein herführen, und dabei diesen Steg sparen, ohne jedoch die Zurüstung Γ (18 Fig.) weg zu lassen. Dieser metallene Ueberzug der Fürst verschaffet nebst dem

einen

einen doppelten Vortheil, erstlich daß vermittelst des=
selben die Bewaffnung der Schornsteine mit dem Ab=
leiter, zweitens, wenn sich mehrere Wetterstangen
mit ihren Ableitern auf dem Gebäude befinden, alle
diese mit einander in Gemeinschaft gebracht werden
können, aus welchem leztern erfolget, daß, wenn
der Blitz auf eine Wetterstange fällt, er sich durch
alle Ableiter vertheilen, und also desto leichter in die
Erde gelangen werde (12 §). In diesem Falle
würde auch der Fehler, der etwa an einem dieser Ab=
leiter begangen worden seyn möchte, von keinen
übeln Folgen seyn. Diese Verbindung der Wetter=
leiter habe ich fast an allen Gebäuden besorget, die
ich bewaffnet habe, wenn sie auch noch so weitläufig
gewesen sind.

129 §. Oft ist die Fürst schon mit einem Streife
von Blei oder anderm Metalle überzogen, in wel=
chem Falle die gedachte eiserne Ruthe freilich nicht
nöthig ist, aber es muß, bei Weglassung derselben,
gesorget werden, daß der Streif an den auf der
Fürst stehenden Schornsteinen, oder andern Aufsäz=
zen, wo er unterbrochen zu seyn pfleget, den gehöri=
gen Zusammenhang bekomme, welches entweder
durch den genannten Steg (123 §), oder durch ei=
nen dazwischen gelegten, um den Schornstein oder
Aufsatz herum laufenden Streif von gleichem Me=
talle, geschehen kann. Dann muß auch von Zeit zu
Zeit nachgesehen werden, ob dieser Zusammenhang,
welcher der Trennung aus mehrern Ursachen ausge=
setzet ist (87 §. d), noch bestehe.

H 5   130 §.

130 §. Ein gleicher Ueberzug mit einer eisernen Ruthe, oder mit einem Metallstreife, der etwa schon vorhanden ist, wird auf den an der Wetterseite lie= genden Dachgräten sowol hoher als frei stehender Gebäude gute Dienste thun, ohne jedoch eben so nothwendig als auf der Fürst zu seyn. Wo der Ab= leiter selbst über solch einen Grat, oder über eine Strecke der Fürst her läuft, da ist jeder andere me= tallene Ueberzug an einem wie am andern Orte na= türlicherweise überflüßig. Befindet sich aber auf die= sem Wege des Ableiters schon ein aus Metallstreifen bestehender Ueberzug, so soll dieser billig zu keinem Theile des Ableiters dienen (90 §. i), und seine sonst nöthige Verbindung mit demselben (118 §) kann hier blos vermittelst der dadurch geschlagenen Kloben (17 Fig.) geschehen.

Einwürfe und Zweifel.

131 §. Ob schon nach genauer Prüfung dessen, was wir bisher gesagt haben, kein gründlicher Ein= wurf und Zweifel in Betreff der Wetterleiter mehr statt haben kann: so wollen wir doch diejenigen, die gemeiniglich gemacht und entgegengesetzet zu werden pflegen, um der schwachen und furchtsamen Seelen willen noch kürzlich hier erläutern und beantworten.

132 §. Der erste, sehr gemeine Einwurf, den ich noch fast aller Orte gehöret habe, ist: „ daß die Wetterstangen die Gewitter von weitem herbeiziehen, und oft über eine Stadt bringen, welche sie vorbei gegangen seyn würden ‟. — Nichts streitet mehr

wider

wider die allgemeinen Gesetze der Anziehung, nichts
mehr wider die Erfahrung und den klaren Augen=
schein, als dieser Einwurf, der also blos von Leuten
gemacht werden kann, die in der Naturkunde völlig
fremd sind, und nicht einmal das, was sie mit offe=
nen Augen oft selbst sehen, hinlänglich betrachten.
Es ist außer allem Zweifel, daß der größere Körper,
der mehr urstoffliche Theile hat, den kleinern allemal
stärker anzieht, als dieser jenen (9 §), welches auch
selbst die Einrichtung unserer Welt in Ansehung der
Sonne und ihrer Planeten zeiget. Nun betrachte
man, wie klein eine Wetterstange gegen eine Gewit=
terwolke sey. Ist jene in Vergleiche mit dieser nicht
eben so viel, als eine Stecknadel gegen einen unge=
heuren See? Und solcher See soll von der Nadel
an= und herbei gezogen werden? Und das noch von
weitem? Ist beides nicht offenbar ungereimt? Doch
wir wollen die Erfahrung, diese treue, untrügliche
Lehrmeisterin, hier sprechen lassen. Und was sagt
uns diese? Viele Wetterwolken ziehen bei Kirch=
thürnen vorbei, die nicht nur mit eisernen Kreuzen
und Stangen, kupfernen Sternen, und andern me=
tallenen Aufsätzen versehen, sondern auch ganz mit
Metalle gedecket sind. Unstreitig besitzen diese Thür=
ne, wegen solcher Menge von Metalle, eine weit
stärkere Anziehungskraft, als eine Wetterstange.
Und dennoch ziehen sie die Gewitterwolken nicht her=
bei und zu sich: denn sonst müßten diese nicht vor=
über gehen, sondern bei denselben stehen bleiben,
gleichwie z. B. das Eisen an dem Magneten, von
dem

dem es angezogen wird, hangen bleibt. „Aber die Spitzen der Wetterstangen wirken besonders“. Wie eingeschränkt der Anziehungskreis solcher Spitzen sey, haben wir zwar schon gezeiget (117. 118 §): doch kann sich jedermann auch durch die Erfahrung über= zeugen, daß ihre Kraft sich auf das Herbeiziehen der Wetterwolken keineswegs erstrecke, indem diese bei solchen Stangen, auch wenn sie in großer Menge aufgepflanzet sind, oft nicht nur in der Ferne, son= dern auch in der Nähe vorbeigehen, ohne von ihrer Bahn im geringsten abzuweichen. Ein überzeugen= des, aber trauriges Beispiel hievon hat uns noch der 3 Erndtemonat des leztverfloßnen Jahres 1785 zu Mannheim gegeben, da das greuliche, gerad über dem kurfürstlichen Schlosse hergehende Gewitter durch die vielen Spitzen der Wetterstangen, womit dieses weitläufige Gebäude bewaffnet ist, sich so wenig in seinem Laufe aufhalten ließ, daß es seine Wuth nicht nur an der ganzen Stadt, sondern noch an ei= ner großen Strecke des Landes, über welches es fort= zog, durch gänzliche Zerschlagung der Fenster und Früchte ausübte, obschon sein Zug über gedachtes Schloß so tief war, daß es eine ganz erstaunliche Menge Feuer auf die Wetterstangen in der Stille ausgoß, wie mein daselbst errichteter Blitzfänger (54 §) zeigete.

133 §. „Sind aber die Wetterleiter den benach= barten Häusern nicht gefährlich“? — Dieses ist ein anderer sehr gemeiner Einwurf, und die Furcht, welche aus dieser eingebildeten Gefahr entsteht, hat

schon

schon an manchen Orten gemacht, daß diejenigen,
welche ihre Häuser wider den Blitz bewaffnen woll-
ten, großen Widerstand an ihren Nachbarn fanden.
Diese Furcht ist aber ganz ungegründet und eitel.
Denn erstlich ist der Wahn, als zögen die Wetterstangen die Gewitterwolken herbei, gezeigtermaßen
(132 §) sehr irrig. Zum andern ist es wider die
Natur der Dinge, daß, wenn ich einer eingeschlosse-
nen aufgeschwollenen Flüßigkeit irgendswo Luft mache, sie deswegen auf einer andern Seite desto eher
ausbrechen solle. Man stelle sich einen großen Teich
voll Wasser vor, das durch langwierigen Regen sehr
gestiegen ist, und den rings herum aufgeworfenen
Damm mit großer Gewalt drücket. Von dem Dam-
me bis an eine nahe unergründliche Tiefe führe ich
einen Graben, und stoße den Damm daselbst durch.
Das Wasser stürzet sich rasch und gewaltsam heraus,
und verfolget den angewiesenen Weg ungestöret.
Wird dieses Verfahren wohl Anlaß geben, daß das
Wasser den Damm anderswo durchbreche, und sich
über die umliegenden Fluren ergieße? Habe ich diese Gefahr, durch Verminderung der Menge und des
Druckes des Wassers, nicht viel eher vermindert?
Und gesezt, es zerrisse während dem, daß es durch
die gemachte Oeffnung herausfließet, den Damm
doch noch an einem andern Orte, wem wird es wohl
einfallen zu sagen, meine Oeffnung und mein Kanal
seyen schuld daran? Die Wetterwolke ist der Teich
(51 §), ihr Feuer das Wasser (3 §), die sie umgebende Luft, als ein Nichtleiter, der Damm (11.
16 §),

16 §), die in den Dunstkreis der Wolke eingetauchte Wetterstange die Oeffnung des Dammes (11. 52. 73 §), der Ableiter der Kanal (90 §), die Erde der Abgrund, worein sich das Wasser stürzet (104 §). Hieraus erhellet nun augenscheinlich, daß die Wetterleiter, anstatt den benachbarten Häusern gefährlich zu seyn, denselben vielmehr zum größten Vortheile gereichen, indem sie den Donnerstoff, der sich auf diese Häuser ergießen könnte, ganz oder größtentheils einnehmen und abführen (52. 58 §). Doch ist dieses nur von den Häusern zu verstehen, über welchen die Gewitter herziehen, nachdem sie die Wetterstangen schon verlassen haben. Denn es ist natürlich, daß diejenigen Häuser, welche auf der Seite liegen, wo das Gewitter herkommt, und welche dieses folglich eher erreichet als die Wetterleiter, von diesen nicht geschützet werden können. So viel bleibet aber doch immer wahr, daß die Wetterleiter diesen Häusern niemal schaden c).

134 §.

---

c) Hieraus erhellet wie lächerlich das Märchen sey, welches sich an einigen Orten verbreitet hat, daß ein Haus zu Mannheim durch des Nachbars Wetterleiter wirklich Schaden gelitten habe. Bei einem nächtlichen Gewitter, das mit einem gewaltigen Winde begleitet war, fiel ein Backstein aus dem Hute des Schornsteines dieses Hauses in die Küche herunter, streifete in seinem Falle an dem Rauchfange, warf etwas Rus ab, und schlug ein Stück von der Anrichte los, auf die er fiel. Hier glaubten nun einige, es habe in das Haus eingeschlagen, und warfen noch dazu die Schuld davon auf den benachbarten Wetterleiter. Ich untersuchete alles genau.

Es

134 §. „Wie ſollte wohl eine ſo dünne metallene Ruthe, als ein Ableiter iſt, eine ganze, oft ungeheure Wetterwolke entſchöpfen können“? — Geſezt, ein Ableiter könnte den Donnerſtoff einer Wolke nicht ganz, ſondern nur zum Theile in die Erde abführen, ſo wäre dieſes doch allemal ein ſchäzbarer Vortheil, indem dadurch manche ſchädliche Ausbrüche der Gewitter auf den Gebäuden gehindert, oder wenigſtens geſchwächet würden. Aber gewiß kann die dünne Ruthe eines Ableiters eine ganze Wetterwolke eben ſo gut entſchöpfen, als ein ſehr enger Kanal einen ganzen Teich, wenn dieſer auch noch ſo groß iſt, entſchöpfen kann. In beiden Behältern geſchieht die Ausleerung nach und nach. aber bei dem Teiche langſam, bei der Wolke, wegen der unendlichen Geſchwindigkeit des Blizes, gleichſam in einem Augenblicke. Bewegte ſich das Waſſer mit eben ſolcher Schnelligkeit als der Wetterſtrahl, ſo würde ein unermeſſener Teich vermittelſt eines Kanals, der im Durchmeſſer nicht größer als ein Federkiel iſt, ſich ebenfalls in einem Augenblicke ausleeren.

135 §.

Es war nirgends die mindeſte Spuhr des Blizes zu finden Nach dem Zeugniſſe des Maurers war in langen Jahren nach dem Huthe des Schornſteins nicht geſehen worden. Die Steine deſſelben waren ſehr locker, und derjenige, der herunter gefallen iſt, war nicht los geriſſen, ſondern blos ausgehoben, wie der Augenſchein klar zeugete. Was iſt alſo natürlicher, als daß ihn der Wind herunter geworfen habe? Was doch Unkunde in der Naturlehre, was Einbildung und Vorurtheile für betrübte Folgen haben!

135 §. „Kann der ganze Vorrath des in einer Wolke enthaltenen Donnerstoffes so leicht durch den engen Kanal einer Ableitungsruthe durchkommen, warum hält denn das Ströhmen des himmlischen Feuers bei den Blitzfängern oft eine so geraume Zeit an (54 §), oder warum fährt eine Wetterwolke, die auf einen Ableiter hingeblitzet hat, nach diesem bisweilen fort, noch mehrmal zu blitzen“? — Das anhaltende Feuer bei den Blitzfängern kommt entweder aus den entfernten Dunstkreisen, oder aus den Gränzen des Hauptdunstkreises der Wetterwolken, folglich in einem wie im andern Falle aus nichtsleitenden Luftschichten her, weswegen es nicht auf einmal, sondern nur nach und nach zuströmen kann (20. 52. 55 §). Fährt eine Wolke noch fort zu blitzen, nachdem sie ihr Feuer auf einen Ableiter, der mittel- oder unmittelbar in den dichtern leitenden Theil ihres Hauptdunstkreises eingetauchet war, schlagend ausgeschüttet hat (52 §), so besteht sie entweder aus getrennten Schichten, oder sie wird anderswoher, z. B. aus andern Wetterwolken, aufs neue geladen.

136 §. „Ist der Nutzen der Wetterleiter eine so ausgemachte Sache, warum wird denselben denn noch von so vielen Gelehrten, selbst von Naturforschern, widersprochen“? — Wo ist eine Sache in der Welt, wenn sie auch noch so gut, noch so vortreflich wäre, der nicht widersprochen wird? Wo ist jemals eine neue Erfindung gemacht, eine neue Einrichtung getroffen, ein neues Gesetz gegeben worden,

ohne

ohne daß sich Tadler, Widersacher, Feinde dabei ge= funden hätten? Sind nicht die Werke und Verfü= gungen Gottes selbst, die doch alle von einer unend= lichen Weisheit geleitet werden, und höchst vollkom= men sind, eben diesem Schicksale unterworfen? Der Widerspruch beweiset also nicht, daß eine Sache nicht gut sey. Indessen kommt derselbe überhaupt mei= stentheils aus Unwissenheit, bisweilen auch aus ei= nigen Leidenschaften des Herzens her. Eben das hat auch bei den Wetterleitern statt. Diese Erfin= dung ist neu (60 §), und aus tiefen Quellen der Naturkunde geschöpfet (1 — 57 §). Sie machet unserm Jahrhunderte Ehre, aber noch wenige haben sich mit ihr gründlich bekannt gemacht. Der Titel eines Gelehrten machet nicht, daß man hier unter die Zahl der Kenner gehöre. Es kann Jemand in der Gottesgelahrtheit, Arzneiwissenschaft, Rechts= gelehrsamkeit, Sternkunde u. s. w. mit vorzüglichen Kenntnissen begabet seyn, ohne die Geheimnisse der Natur in diesem Stücke durchschauet zu haben. Selbst aus dem Namen eines Naturforschers läßt sich auf diese Kenntniß nicht schließen. Ein sehr großer Haufen dieser Leute, auch welche Lehrstühle bekleiden, treibet die Naturkunde entweder aus Ge= mächlichkeit, oder aus Abgange der Werkzeuge und anderer nöthigen Hülfsmittel, leider noch auf die alte Weise, blos an den Schreibpulten, ohne sich mit genauen unermüdeten Beobachtungen und Versu= chen abzugeben, welches doch der einzige wahre Weg ist, in das Heiligthum der Natur einzudringen, und

J   ihren

ihren Gang, ihre Gesetze und Triebfedern in hellem Lichte zu sehen. Wenn nun solche Leute wider die Wetterleiter sprechen: so sieht jeder vernünftige und billigdenkende Mensch von sich selbst ein, daß ihr Urtheil, wegen Mangel gehöriger Kenntniß, von keinem Gewichte, und folglich nicht zu achten sey. Blos Kunstverständige können von jeder Sache gehörig urtheilen, blos diese sind in allen Dingen die rechtmäßigen Richter. Diese Wahrheit liegt in der Natur der Sachen, und wird auch von vernünftigen Menschen täglich befolget. Eine weise Regierung, ein kluges Gericht befraget sich in zweifelhaften Fällen bei Kunstverständigen, schicket Aerzte, Baukundige u. d. gl., an Ort und Stelle, um den Augenschein zu nehmen, und ihren Bericht abzustatten, nach welchem das Urtheil gefällt werden könne. Nun stimmen in Ansehung der Wetterleiter alle wahre Kunstverständige der Welt, das ist, alle gründliche Naturforscher, welche die Eigenschaften des künstlichen und natürlichen Blitzes mit anhaltendem Fleiße beobachtet, untersuchet und ausgespähet haben, mit einander überein. Man setze uns hier den berühmten Naturforscher Nollet nicht entgegen, dem man gewiß eine sehr ausgezeichnete Kenntniß im Fache der Elektrizität zugestehen muß, und der dennoch die Wetterleiter verworfen hat. Denn als Nollet lebete, lagen diese Maschienen noch gleichsam in der Wiege, und die Erfahrung hatte das Siegel der Bewährung noch nicht, wie jetzt, darauf gedrücket. Zu dem mag auch wohl einiger Nationalstolz dieses Ge-

lehr-

lehrten, und die Eifersucht wider seinen Gegner Franklin, den Erfinder der Wetterleiter (57 §), Antheil an diesem Widerspruche gehabt haben. Viel, weniger führe man uns hier den Verfasser eines gewissen ausländischen Tagebuches als einen öffentlichen Widersacher der Wetterleiter an. Denn so groß die Kenntnisse und Verdienste dieses Mannes in andern Dingen seyn mögen, welches ich nicht untersuchen will: so kann ich die ehrliche Welt versichern, daß seine Unwissenheit, in Betreffe dieser Maschienen, so groß ist, als sie nur irgend angetroffen werden kann. Nebstdem läßt er sich in seinem Widerspruche von unedlen Leidenschaften des Herzens gar zu offenbar dahinreissen. Er klaubet alles, was er nur immer wider die Wetterleiter finden und auftreiben kann, ohne Unterschied auf, streichet es mit scheußlichen Farben an, und posaunet es mit einem entsetzlichen Getöse in die Welt aus, um diese Anstalten, samt ihren Freunden und Vertheidigern, in Verachtung zu bringen, und lächerlich zu machen. Wer sieht nicht, wie wenig ein Mann dieses Gelichters den Ausschlag hier geben könne? Er mag seinen Zweck wohl bei einigen unwissenden Leuten erreichen, aber warlich bei der aufgeklärten Welt nicht. Bei dieser machet er sich selbst zum allgemeinen öffentlichen Gelächter, und er muß mit Verdrusse sehen, daß die Wetterleiter, seines Schreiens ungeachtet, sich aller Orten vermehren und fortpflanzen.

137 §. „ Es muß doch mit diesen Maschienen nicht so ganz richtig seyn, weil man sie an manchen

J 2 Orten

Orten, als zu Bononien, Gräz, Montbard, Lon=
den, in der Abtei von Merate, zu St. Omer, Fano,
Mecheln und Löwen, von den Gebäuden wieder ab=
genommen hat ". — Da dieser Einwurf von vie=
len, wiewol dunkel und unbestimmt, gemacht wird:
so wollen wir ihn in sein gehöriges Licht setzen.

Was also 1) Bononien und Gräz betrift, so be=
fahlen die Obrigkeiten dieser Städte, auf die Nach=
richt von dem traurigen Schicksale des Herrn Rich=
mann (56 §), die Blitzfänger von den Sternwar=
ten daselbst weg zu thun, damit nicht ein ähnliches
Unglück dadurch entstehen möchte. Hier vermischet
man also diese Maschienen mit den Wetterleitern, die
doch etwas ganz anderes sind (54. 57 §).

2) Machet man eben diese Vermischung in der
Geschichte von Montbard. Hier hatte der Graf
von Büffon gleich in den ersten Zeiten des Versu=
ches von Marli la Ville (56 §) einen Blitzfänger
auf sein Haus gesetzet. Als er nun hinlängliche Ver=
suche damit gemacht hatte: nahm er ihn weg, und
ersetzete ihn mit einem wahren Wetterleiter, welches
das Zutrauen dieses großen Naturkenners zu diesen
leztern Maschienen zeiget.

3) Hat man zu Londen eigentlich keinen Wet=
terleiter weg gethan, sondern nur einige spitzige in
stumpfe verwandelt (82 §. 2), welche Thorheit man,
wie einige Gelehrte vermuthen, zugelassen hat, um
den damals als ein Feind des Staats angesehenen
Herrn Franklin zu kränken.

4)

4) Ist es wahr, daß man den Wetterleiter, womit der Thurn der Abtei von Merathe (einem Flecken im Mailändischen) versehen war, wieder weg genommen hat, es verhält sich aber folgender= maßen damit. Der Herzog von Serbelloni, Vetter des Kardinals dieses Namens, welchem lez= tern die Abtei zugehörete, ließ diesen Wetterleiter setzen. Der Prinz von Belgiojoso, der ein sehr schönes Landhaus ganz nahe an der Abtei hat, ließ die Maschiene durch den Abt Frisi untersuchen. Dieser Naturforscher fand, daß dieselbe sehr übel gemacht war, indem sie an mehrern Orten unter= brochen war (90 §). Man sah auch wirklich zur Gewitterzeit das Feuer daran funkeln. Dieses be= wog den Prinzen, den Kardinal zu bitten, den Wet= terleiter abnehmen zu lassen. Dieses geschah *), und man that, wegen der gefährlichen Einrichtung desselben, wohl dabei; doch hätte man besser gethan, wenn man ihn verbessert, oder einen andern dafür angelegt hätte, wie man an der Kirche bei Genua (110 §. u) gethan hat.

5) Hat Herr von Vyssery den Wetterleiter, womit er sein Haus zu St. Omer im Jahre 1780 be= waffnet hat, kurz darauf in der That wieder herun= ter genommen, aber nicht, weil er ihn unnütz oder schädlich befunden hat, sondern weil er von dem blinden rasenden Volke, das durch die Ränke einer

J 3   belei=

_____

*) Aus einem von einem Gelehrten dieser Gegend an mich er= lassenen Schreiben.

beleidigten Frau angefeuert, und durch einen Befehl
des Stadtgerichtes unterstützet, sich mit Flinten
und anderm Gewehre vor dem bewaffneten Hause
drohend einfand. dazu gezwungen worden ist *).
Das Stadtgericht hat in Ertheilung seines Befehles
unverantwortlich gehandelt, weil es weder selbst etwas von den Wetterleitern verstanden, noch auch
Kundschaft bei Kennern darüber eingeholet hat (136 §).
Auch ist dieser schändliche Befehl auf die Klage des
Herrn von Vyssery von dem hohen Rathe von Ar-
tois gänzlich zernichtet worden, worauf dieser Herr
seinen Wetterleiter wieder hergestellet hat.

6) Sind auch einige Wetterleiter zu Fano in
Italien wieder abgenommen worden, aber ebenfalls
durch Schwärmerei und Unsinn, wie zu St. Omer.
Die Geschichte ist kürzlich diese. Ein herumreisender
elektrischer Künstler versah zu gedachtem Fano im
Jahre 1783 mehrere Gebäude mit Wetterleitern,
welches Handwerk diese Art Leute durchgehends zugleich treibet. Im Erndtemonate desselbigen Jahres
erhob sich ein entsetzliches Wetter über dieser Stadt,
welches allda über 20 Schläge that, ohne jedoch eines der bewaffneten Gebäude zu verletzen. Das
Volk, welches dieses Ungewitter den Wetterleitern
zuschrieb d), wurde hierüber so bestürzet und aufge-
bracht,

*) Mem›ire Signifié M. Charles Dom. de Vyssery defendeur et
appellant, contre &c.

d) So schrieb man auch zu Düsseldorf ein ungewöhnlich hefti-
tiges Gewitter, das in eben dem Jahre 1783 allda ausbrach
den

bracht, daß es den Statthalter zwang, die Wetterleiter auf der Stelle wegnehmen zu laſſen, und den
Künſtler zu verbannen, welcher arme Schlucker, um
nicht geſteiniget zu werden, für gut befand, die
Flucht in der Nacht zu ergreifen *).

7) Verhält ſich die Sache mit den Wetterleitern
von Mecheln und Löwen weit anders, als ſich das
Gerücht davon verbreitet hat. Ich will ſie aus ganz
ächten Quellen **) herſetzen. Im Jahre 1780 ließ
der Graf von Colonna ſein Haus zu Mecheln
durch den Rechtshändelführer Deubon wider den
Blitz bewaffnen. Die Nachbarn wurden ſehr unru-
hig derüber, und beklagten ſich deswegen bei dem
Oberrichter der Stadt. Dieſer zog den Lehrer der
Naturkunde zu Löwen, Herrn Thysbaert, zu
Rathe, welcher ſich in Geſellſchaft des Profeſſors
Minkelers nach Mecheln begab, um den Wetter-

J 4 lei-

---

den Wetterleitern zu, womit das Schloß und die übrigen
kurfürſtlichen Gebäude daſelbſt bewaffnet ſind, ohne zu bedenken, daß in dieſem Jahre die Wetter in ganz Europa aus-
ſerordentlich ſtark und häufig geweſen ſind. Man ſchickete
daher ein ſehr dringendes und häufig unterzeichnetes Schreiben nach Hofe, worinn man um ſchleunige Abnehmung der
Wetterleiter bat. Allein der weiſe und ſtandhafte Fürſt
verwarf das unübereilte Anſinnen mit Unwillen, wie man
wohl nicht anders erwarten konnte, worauf dieſe aufbrauſen-
de Bewegung ſich eben ſo bald wieder legte, als ſie entſtan-
den war.

*) Landriani dell' utilitá dei condutt. elettr. p. 117.
**) Aus Briefen anſehnlicher Augenzeugen.

leiter zu untersuchen; und auf die Versicherung dieser beiden Herren, daß derselbe gut gemacht, und
auf keine Weise mit Gefahr verbunden sey, gaben
sich die Leute zufrieden, und der Wetterleiter blieb
ruhig an seinem Orte. Zwar entstand im folgenden
Frühjahre, welches sehr trocken war, wieder einiges
Murren, weil das dumme Volk diese Trockene dem
Wetterleiter zueignete e): doch ward wieder alles
still, als sich ein gedeihlicher Regen noch zu rechter
Zeit einstellete. Weiter ist bisher in dieser Sahe
nichts vorgegangen. Hieraus sieht man, daß zu
Mecheln niemal ein Wetterleiter wieder abgenommen
worden ist.

Mit

---

e) Daß unkundige Leute den Blitzleitern ausserordentliche
Donnerwetter zu schreiben, hat noch einigen Schein; daß
sie solches aber in Betreffe anderer Naturerscheinungen thun,
die keine Verbindung damit haben, das ist ganz übertrieben,
und nicht wohl zu begreifen. Und geschieht dieses sehr häufig, wie ich denn um deswillen an manchen Orten mit
vielen segenlosen Wünschen, einmahl so gar auch mit Steinen, beehrt worden bin. Eben solche ausschweifende Be-
schuldigungen der Wetterleiter geschahen nach dem Berich-
te des Herrn Professors Hassenkamp *), auch bei Gelegenheit derjenigen, die zu Rinteln gesetzt worden sind.
„Kurz nach Aufrichtung dieser Maschinen, sagte er, fiel hier
wie fast in ganz Europa, eine etwas langwierige Dürre ein,
und nun waren die Wetterleiter lediglich Schuld daran.
Hernach hat es anhaltend geregnet, und auch dieses wurde
ihnen wieder zur Last geleget. Ja es fehlete nicht viel, so
hätte man diese Maschinen auch wegen der hierauf erfolgten
Rotenruhr angeklaget."

*) Von dem großen Nutzen der Strahlableiter a. d. 29 f.

Mit dem berüchtigten Wetterleiter von Löwen
hat es folgende Beschaffenheit. Im Jahre 1771
wurde von dem oben genannten Prof. Thysbaert,
und dem Obern der englischen Dominikaner, P. Ed=
ward, auf dem Hause dieser Geistlichen ein Blitz=
fänger (54 §) errichtet. Die Wirkung dieser Ma=
schiene setzete die Nachbarn, worunter mehrere
Rathsverwandte waren, in großen Schrecken. Das
nahe gelegene Wirthshaus verlohr alle seine Kunden.
Denn als sich eines Tages ein kleiner Donner hören
ließ: floh die ganze Trinkgesellschaft, die denselben
dem Blitzfänger beimaß, mit solcher Bestürzung da=
von, daß sie ihre Brandteweingläser unausgeleert
auf dem Tische stehen ließen. Man führete sowol
bei dem Stadtrathe, als bei dem Rektor der hohen
Schule Klagen. Das Volk rottete sich zusammen,
und fieng wirklich an, auf die Maschiene zu schießen,
um sie herab zu stürzen. In diesen Umständen rieth
der Rektor den zwei besagten Naturforschern, den
Blitzfänger weg zu nehmen, welche sich denn auch
dazu fügten, und sie handelten hierinn als kluge
Männer.

138 §. „Es sind doch so viele tausend Häuser
und Gebäude in der Welt, die keine Wetterleiter
haben, und vom Blitze doch niemal getroffen wor=
den sind ". — Das ist wahr. Was aber in Jahr=
hunderten nicht geschehen ist, kann in einem Augen=
blicke geschehen, und dann einen großen, oft uner=
setzlichen Schaden bringen, der so leicht hätte verhü=
tet werden können. Werden nicht jährlich Häuser,

J 5 Pal=

Palläste, Kirchen u. s. w. vom Strahle geschmettert, entzündet, verwüstet, die vorher niemal einen Anfall davon gelitten hatten? Der Pulverthurn zu Brescia, der im Jahre 1769 durch einen eingefallenen Wetterstrahl in die Luft flog, so viele Häuser einriß, und so vielen Menschen das Leben nahm, war zuvor niemal vom Wetter geschlagen worden. Die arme Stadt Göppingen in Schwaben, die vor einigen Jahren vom himmlischen Feuer ganz in die Asche geleget worden ist, war vorher niemal ein Raub desselben gewesen, und hatte vielleicht gar niemal einen Funken in ihren Ringmauern davon entstehen sehen. Erfodert nicht die Klugheit, solchen Unglücksfällen zeitlich vorzubeugen? Brauchen wir diese Vorsicht nicht in hundert andern Dingen? Wir versehen unsere Anger mit Dämmen, unsere Häuser mit Brandtmauern, unsere Höfe mit Thoren, uns selbst auf Reisen mit Gewehre u. s. w., obwol wir vielleicht niemal von Ueberschwemmungen, Brandte, Dieben und Straßenräubern etwas gelitten haben. Fremder Schaden ist uns hierinn eine hinlängliche Warnung. Sollte er es nicht auch billig in Ansehung der Wetterleiter seyn?

139 §. „Wenn man den Blitz denn doch von einer Stadt, oder von sonst einem Orte, durch Wetterleiter abhalten will, sollte es wohl nothwendig seyn, jedes Haus und Gebäude besonders zu bewaffnen? Könnte man nicht einfacher und mit geringern Kosten zu Werke gehen, und den Ort mit hocherrichteten, und von Strecke zu Strecke gesezten Wetter-

leis

leitern umgeben, so, daß alle ankommende Wetter=
wolken über einer oder mehrern dieser Maschienen
hergehen müßten, ehe sie den Ort erreichten? Soll=
te dieser Ort nicht hinlänglich dadurch geschützet
seyn"? — Daß manches Gewitter durch solche
Einrichtung geschwächet, oder gar entschöpfet wer=
den könne, darf nicht in Zweifel gezogen werden.
Daß aber alle, oder auch nur die meisten Gefahren
dadurch abgewendet werden können, daran ist wohl
nicht zu gedenken. Fürs erste ist aus dem obigen
85 § zu ersehen, daß solche entfernte Wetterleiter
denjenigen Städten, die gröstentheils aus hohen
Häusern bestehen, zum Schutze nicht dienen können.
Eben so wenig lassen sich Kirchen, Schlösser und an=
dere öffentliche hohe Gebäude jeder Stadt, und je=
des Ortes überhaupt, dadurch sicher stellen. Es
bleibet also nur die Frage noch von solchen Häusern
und Gebäuden übrig, die merklich niedriger als die
herumstehenden Wetterleiter sind. Allein auch diese
Gebäude können, aller solcher Wächter und Schützer
ungeachtet, noch in manchen Fällen vom Blitze ge=
troffen werden f). Dergleichen Fälle sind erstlich,

wenn

---

f) Die im obigen 85 § angeführten Beispiele können hier nicht
zu Beweisen dienen. Denn erstlich waren die zum Schutze
des Esterhasischen Pallastes errichteten Wetterstangen ver=
muthlich nicht höher, sondern gar niedriger als dieses Ge=
bäude. Zweitens ist nicht bekannt, ob das Gewitter daselbst,
und das zu Fonteney, über den Wetterstangen hergezogen
seyen,

wenn eine Wetterwolke unmittelbar über der Stadt entsteht. Denn da diese über keiner der genannten Maschienen herzieht, und sie also keinen Verlust dadurch erleidet: so kann sie ihre ganze Ladung auf das erste beste Gebäude bei gehöriger Annäherung ausschütten. Zweitens wenn eine geschwängerte Wolke zwar über den Wetterstangen hergeht, aber in solcher Höhe, daß sie dieselben mit ihrem Hauptdunstkreise nicht berühret (52 §). Diese Wolke kommt alsdann auch ohne Verlust über die Stadt, und kann sich aus vielerlei Ursachen auf dieses oder jenes Gebäude entladen. Dieses kann geschehen, 1) wenn sie sich durch einen Zuwachs von Kälte und Zusammenziehung so senket, daß ihr Hauptdunstkreis auf ein Gebäude zu liegen kommt; 2) wenn sich, auch ohne dieses Sinken der Wolke, ein anderer, beträchtlicher Leiter zwischen sie und das Gebäude hinstellet. Dergleichen oft vorkommende Leiter sind kleine ungeladene Wolken, Rauchsäulen, die aus den Schornsteinen hoch aufsteigen (69 §), Dunst- und Regensäulen (52 §). Nichts leitet den Blitz öfters aus den Wolken herunter als der Regen. Daher ist auch die Gefahr, womit ein Gewitter drohet, bei dem ersten Regengusse allemal am grösten, und es schlägt dabei am liebsten ein. Werden aber die vor der Stadt stehenden Wetterstangen das Sinken der

Wol

---

seyen, welches doch nach der Einrichtung, wovon hier die Rede ist, allemal geschehen muß, wofern die Wolken sich nicht über der Stadt selbst bilden.

Wolken, die Gewitterregen, und die Zwischenkunft
der übrigen genannten Leiter, wohl verhindern?
Aus allem dem erhellet, wie gering der Schutz sey,
den diese Anstalt verspricht. Ob es daher der Mühe
werth sey, Kosten darauf zu verwenden, wird jedermann leicht ermessen. Indessen kann man bei Bewaffnung einer Stadt, wo die Wetterstangen auf
die Gebäude selbst zu stehen kommen, eine Einrichtung treffen, bei welcher viel gesparet wird. Denn
sollten die aneinander stoßenden Häuser einer ganzen
Straße, oder auch nur mehrere davon, zugleich bewaffnet werden, so könnte man sie alle als ein Haus
ansehen, die Wetterstangen in einer Weite von 200
oder mehrern Schuhen von einander darauf setzen
(77. 81 §), diese durch eine eiserne Ruthe, die über
die Fürst aller Häuser herliefe, mit einander verbinden, und nur hier und da eine Ableitung in die Erde gehen lassen (100 §). Hiedurch würden Wetterstange und Ableiter bei manchen Häusern wegfallen.
Doch müßte die Verbindung der Metalle, so wie die
besondere Bewaffnung der Schornsteine, und aller
merklich emporragenden Theile, auf jedem Hause
hier, wie sonst, vorgenommen werden (68 — 70 §).
Auch müßte die Austheilung der Wetterstangen so
gemacht werden, daß diejenigen Häuser, die merklich höher als die übrigen sind, immer damit versehen würden.

140 §. „Da man die geweiheten Glocken wider
die Gewitter zu läuten pfleget, könnte man die Wetterleiter dabei nicht ganz entbähren"? — Es werden

den dieses Läutens ungeachtet jährlich viele Häuser,
ja selbst Kirchen, worinn man läutet, vom Blitze
getroffen, und beschädiget, wie die traurige Erfahrung lehret. Und bei dem Einschlagen in solche Kirchen werden diejenigen, die läuten, meistentheils ein
schreckliches Opfer der Wuth des himmlischen Feuers,
als welches sich gern auf die durchs Läuten erhitzten
Glocken wirft, und an den Seilen, welche die Feuchtigkeit aus der Luft begierig einsaugen, gern herab-
läuft (14 §). Daher hat man das Wetterläuten
seit einigen Jahren in vielen Ländern verboten, und
nur bei Herannahung des Gewitters, und nach dessen Abzuge, ein Zeichen mit den Glocken zu geben
befohlen. So gut und verehrungswürdig also der
Segen der Kirche, und das Gebet überhaupt ist: so
sehen wir doch, daß wir uns bei den Glocken eben
so wenig, als bei andern natürlichen Dingen, darauf verlassen sollen. Der Willen des Schöpfers ist,
daß wir in solchen Dingen diejenigen Mittel, die
uns die Vernunft und Erfahrung an die Hand geben, mit dem Gebete verbinden. Wer würde sich in
Wasser- Feuer- und andern Gefahren nicht höchst
strafbar machen, wenn er sich blos zum Gebete, oder
auch zu andern geistlichen Mitteln wenden, und die
Hände dabei in den Schos legen wollte?

141 §. „Greift man aber durch die Wetterleiter-
anstalten Gott nicht ins Gericht, und thut man nicht
eben so viel, als wenn man ihm die Donnerkeile,
die er auf die sündige Welt zu schleudern pfleget,
aus der Hand winden wollte? Welche Verwägenheit

heit von uns schwachen Menschen "! — "So wenig man diesen Einwurf, sonderlich zu unsern Zeiten, erwarten sollte: so oft pfleget er dennoch, auch
von Leuten, die mehr als eine gemeine Erziehung
bekommen haben, gemachet zu werden. Und noch
neulich hat man ihn in der sogenannten Grabschrift
(ungereimten Schmähschrift), die man auf den
vom Blitze erschlagenen baierischen Priester Lanz g)
gemacht hat, auftreten lassen. Die Ausdrücke dieser Schrift sind fast eben so, wie diejenigen beschaffen, deren man sich zu Rinteln, bei Aufpflanzung
der dasigen Blitzleiter, bedienet hat. „Der gemeine Mann, sagt Herr Hassenkamp hierüber *),
war gröstentheils mit dieser Anstalt unzufrieden, und
ich habe selbst gesehen und gehöret, wie die Landleu-
te, wenn sie an Markttagen zur Stadt kamen, diese Dinge mit Schrecken und Abscheue ansahen, und
sich nicht genug über die Ruchloßigkeit des Bösewich-
tes verwundern konnten, der sogar dem lieben Gott
im Himmel vorschreiben, und ihm den Weg zeigen
wollte, wo er seine Blitze und Donnerkeile hinfahren
lassen sollte; doch trösteten sie sich noch damit, daß
er sich wohl wenig daran kehren würde ". Soll es
wohl einem Menschen, der ein wenig zu denken weiß,
in Ernste einfallen können, zu behaupten, es sey
ver-

---

g) Dieses Unglück begegnete dem um die Wetterleiter wohlverdienten Manne, als er sich bei einem Gewittertregen
unvorsichtig an einer Mauer unterstellte.

*) In der (137 §) angeführten Abhandl. a. d. 19 s.

verwägen, wenn wir den Uebeln, womit uns die Elemente hier und da bedrohen, auszuweichen oder vorzukommen suchen? Oder ist es vielleicht auch verwägen und frevelhaft, daß wir den wilden Wässern Dämme, dem Regen Dächer auf den Häusern, der Kälte Pelzkleider und warme Zimmer entgegen setzen? Und doch kommt Regen, Kälte u. s. w. eben sowol von Gott als der Blitz. „Aber dieser ist blos ein Werkzeug des göttlichen Zornes geschaffen". Niedriger, falscher Gedanke! So etwas ist in der Natur nicht aus den Händen des gütigen Schöpfers gekommen. Nichts befördert das Wachsthum der Pflanzen mehr, nichts ist allen lebenden Geschöpfen der Erde gedeihlicher, als eben dieses Feuer. Aber wenn es doch eine Verwägenheit seyn soll, den Blitz von den Gebäuden abzuleiten: so muß es auch eben sowol eine seyn, den Brand zu löschen, welchen er durch das Einschlagen erreget. Man müßte also den wüthenden Flammen ruhig zusehen, um den göttlichen Gerichten nicht zu nahe zu treten. Welcher Mensch ist dieser Meinung?

Beschluß.

142 §. Hiemit glaube ich nun, alles, was zu einer Anleitung von dieser Art gehöret, hinlänglich vorgetragen und erläutert zu haben. Es ist die einzige Frage noch übrig, wem das Geschäft, die Wetterleiter anzulegen, in jedem Falle anzuvertrauen sey. Meines Erachtens ist die Sache zu wichtig, als daß sie einem jeden ohne Unterschied überlassen

wer-

werden sollte. „ Ein Versehen, das darin begangen wird, sagt der berühmte Naturforscher Ingenhouß *), wird unfehlbar, früh oder spat, den doppelten Nachtheil hervorbringen, erstlich daß der Zweck verfehlet wird, den man sich durch dieses Verwahrungsmittel vorgesetzet hat; zweitens, welches noch schlimmer ist, daß dadurch die Wetterleiter um das Zutrauen gebracht werden, welches sie sich mit so vielem Rechte erworben haben ". Es sollte also billig jeder, der sich mit Anlegung dieser Maschinen abgeben will, eine gründliche Kenntniß davon haben. Diejenigen, die dieses Geschäft ohne solche Kenntniß auf sich nehmen, werden es wegen der Gefahr, der sie theils ihre Nebenmenschen, theils die gute Sache selbst aussetzen, vor Gott und der ehrlichen Welt nicht verantworten können. Ein paar elektrische Versuche machen können, wie z. B. einige herumreisende Künstler, ist hiezu nicht genug. Ich habe Leute dieser Gattung kennen lernen, die nicht die mindeste Grundlehre in diesem Fache besitzen, die bloße Nachahmer dessen sind, was sie gesehen haben, und die selbst nicht wissen, was sie machen. Eben so wenig ist es hinlänglich, ein oder mehrmal bei Errichtung der Wetterleiter zugegen gewesen zu seyn, oder mit Hand angeleget zu haben, als Handwerksleute, Handlanger u. d. gl. Solche Leute werden, wenn sie aufmerksam gewesen sind,

und

---

*) Vermischte Schriften 2te Aufl. 1 B. 138 f.

K

und ein gutes Gedächtniß haben, wohl wieder machen können, was sie schon gemacht haben, wenn die
Umstände dieselbigen sind. Da diese aber an verschiedenen Gebäuden oft verschieden sind: so ist
nichts leichter, als daß sie beträchtliche Fehler bege-
hen. Wo wird man aber alle die Leute her bekommen, die mit der zu diesem Geschäfte erfoderlichen
Kenntniß versehen sind, und die bei der so starken
Ausbreitung der Wetterleiter in größerer Menge nöthig zu seyn scheinen, indem die Naturforscher die
sich mit Anlegung derselben bisher abgegeben haben,
nicht mehr Hände genug dazu haben? Man muß sie
durch geschickte und geübte Naturforscher (136 §)
bilden lassen, und von Obrigkeits wegen öffentlich,
doch mit der Einschränkung dazu anstellen, daß sie
die Risse der öffentlichen und andern beträchtlichen
Gebäude, die ihnen zn bewaffnen vorkommen, mit
Bemerkung ihrer Lage, Größe, Metalle, Schornsteine und anderer hervorragenden Theile, wie auch
mit dem Entwurfe, den sie zur Bewaffnung derselben gemacht haben, an den Naturforscher, von dem
sie den Unterricht auf obrigkeitliche Verfügung empfangen haben, die erstern Jahre zur Einsicht über-
schicken, bis dieser nach einer hinlänglichen Menge
von Proben findet, und das Zeugniß ausstellet, daß
sie in der Ausübung fest seyen, und nun in allen
Fällen allein, ohne fremdes Gutachten, fortfahren
können. So kann sich jeder Staat, jede Vogtei,
jedes Amt, einen oder mehrere dergleichen Männer
unterrichten lassen. Es müssen aber lauter Leute

von

von gutem Verstande und leichtem Begriffe seyn.
Haben sie schon einige Natur = oder Größenlehrige
Kenntnisse, so ist es desto besser. Will man mir ei=
niges Zutrauen in Ansehung dieses Unterrichtes
schenken, wie schon mehrere Fürsten gethan haben,
so biete ich meinem geehrtesten Vaterlande, so wie
auch auswärtigen Staaten, meine Dienste von Her=
zen dazu an. Ich werde diese Abhandlung zum
Lehrbuche nehmen, alles umständlich erläutern,
durch Versuche erhärten, und anschaulich darstellen.
Eine erwünschte Gelegenheit hiezu habe ich an der
reichen elektrischen Geräthschaft des kurfürstlichen
Kabinettes der Naturlehre, die mit einer der stärk=
sten Maschinen versehen ist, an dem daselbst befind=
lichen vortreflichen Blitzfänger, der mir das himm=
lische Feuer so häufig zuführet (54 §), an den ver=
schiedenen Mustern sowol von bewaffneten Gebäu=
den, als von besondern Theilen der Wetterleiter
und ihres Zugehöres, die ich in besagtem Kabinette
aufgestellet habe, endlich an den Wetterleitern selbst,
womit so viele und verschiedene Gebäude der hiesigen
Stadt versehen sind, und von Zeit zu Zeit noch ver=
sehen werden.

E n d e.

Verzeichniß
der in dieser Anleitung abgehandelten
Sachen.

Die Zahlen bedeuten die §§.

Dächer,

F.

G.

G.

H.

J.

L 5   sie

N.

Nachahmung der vornehmsten Wirkungen des Blitzes 56.

Nachbarshäuser, sieh Häuser.

Nagelschmidseisen, ob und wie es zu den Ableitern zu gebrauchen sey 88.

Nebel, was er sey 47; ist immer gestärkt elektrisch 48.

Nichtleiter, was er sey, und welche Körper dahin zu zählen 11; werden bisweilen zu Leitern 14; sind Ursache, daß der elektrische Stoff angehäuft und verdünnt werden kann 16; werden auch durch die Mittheilung elektrisch 19; warum sie nicht leiten 20; müssen oft berührt werden, um das elektrische Gleichgewicht wieder zu erlangen 20.

O.

Oel, ist ein Nichtleiter 11.

Oelfarbe, das Eisen damit anzustreichen 74.

P.

Pulverthürne, wenn sie mehrere Wetterstangen erfodern 77; diese sollen darauf, nicht daneben, gesetzet werden 85; wie dick der Ableiter dabey seyn müsse 88; dieser brauchet allda nicht nothwendig in Wasser versenket zu werden 107.

R.

S.

Ver-

Wet-

Zwölfte.

Angeführte Naturforscher.

L

Henly

1 fig.

B

9 c

3 fig.

4 fig.

7 fig.

M

S

13 fig.

8 fig.

L

R

L

p

M

14 fig

18 fig.

N

www.ingramcontent.com/pod-product-compliance
Lightning Source LLC
Chambersburg PA
CBHW031113020726
47495CB00007B/2186